同济大学学术专著（自然科学类）出版基金

建筑性能优化设计

石　邢　司秉卉　田志超　著

同济大学出版社
TONGJI UNIVERSITY PRESS
·上海·

内容简介

建筑性能优化设计是近年来建筑学领域新兴的一个研究方向，体现了建筑设计、建筑物理、数字技术及人工智能的交叉融合，在建筑设计实践中获得了越来越多的应用。

本书从性能、优化、算法、技术四个方面探讨了建筑性能优化设计的理论和方法，具体内容包括：建筑性能的概念、分类、理论模型；优化的基础理论；建筑性能优化设计中常用的算法，算法的效能评价及失效机理，适宜算法的选择；建筑性能优化设计的实现技术。

本书可供高等院校相关专业师生，以及建筑师和设计师学习和参考使用。

图书在版编目（CIP）数据

建筑性能优化设计 / 石邢，司秉卉，田志超著 . --
上海：同济大学出版社，2022.11

ISBN 978-7-5765-0453-8

Ⅰ. ①建… Ⅱ. ①石… ②司… ③田… Ⅲ. ①建筑设计—最优设计 Ⅳ. ① TU2

中国版本图书馆 CIP 数据核字（2022）第 205505 号

建筑性能优化设计

石　邢　司秉卉　田志超　著

责任编辑　徐　希
封面设计　朱丹天
责任校对　徐春莲

出版发行　同济大学出版社 www.tongjipress.com.cn
（地址：上海市四平路 1239 号　邮编：200092　电话：021-65985622）
经　　销　全国各地新华书店
排　　版　南京文脉图文设计制作有限公司
印　　刷　上海市崇明县裕安印刷厂
开　　本　787mm × 1092mm　1/16
印　　张　9
字　　数　225 000
版　　次　2022 年 11 月第 1 版
印　　次　2022 年 11 月第 1 次印刷
书　　号　ISBN 978-7-5765-0453-8
定　　价　49.00 元

前　言

建筑学是一门历史悠久的学科，从人类开始利用天然材料，通过手工劳动建造能够挡风遮雨的原始栖身之所开始，建筑学的萌芽就产生了。在数千年的历史中，建筑学经历了很多次重要的变革。距离我们最近的，也是我们现在正身处其中的一次，就是以可持续、生态、环保、节能等为核心理念的绿色建筑概念的提出和发展。

绿色建筑本身是一个描述性的术语，需要从技术上对其进行准确的定义。我国的《绿色建筑评价标准》对绿色建筑的定义为：在全寿命期内，节约资源、保护环境、减少污染，为人们提供健康、适用、高效的使用空间，最大限度地实现人与自然和谐共生的高质量建筑。除我国外，世界范围内还有其他多种不同的绿色建筑评价标准，例如美国的 LEED、英国的 BREEAM 等。这些绿色建筑评价标准虽然对绿色建筑的定义有所区别，具体评价指标也不完全相同，但都非常强调绿色建筑的各项性能。由此可见，性能是绿色建筑的核心，也是实现绿色建筑的重要抓手。

关注绿色建筑的性能需要在设计、建造、运行三个建筑生命周期的主要阶段进行落实。其中，设计阶段尤为重要，这是因为：(1) 建筑始自于设计，建造的依据是设计，运行的目的是达到设计的初衷；(2) 设计阶段的决策对于建筑性能的影响最大，且不易更改；(3) 相较建造和运行，通过设计实现建筑良好性能的成本最低、代价最小，即性价比最高。正因为设计对于绿色建筑性能的重要性，我们可以说，建筑师在实现绿色建筑的过程中是最重要的一个专业角色。

在上述背景下，本书围绕建筑的性能优化设计展开，旨在较全面系统地介绍当前建筑学领域这一重要研究方向的理论、方法和技术，主要内容包括性能、优化、算法、技术四大部分。

第 1 章为性能，讨论了建筑性能的概念、建筑性能的评价、建筑性能的分析、建筑性能的设计。这一章的内容是全书的基础，建立了关于建筑性能的概念体系。

第 2 章为优化，介绍了优化的基本概念、优化的基础理论、建筑设计中的性能优化问题。这一章的基本理论知识来自于数学，主要涉及数学中的运筹学、微积分等领域。引入这些知识，是为了给讨论建筑设计中的性能优化问题奠定一个较为扎实和严密的理论基础。

第 3 章为算法，探讨了算法的基本概念、优化算法及其在建筑性能优化设计中的应用、优化算法的效能、建筑性能优化设计中适宜优化算法推荐。这一章的内容有一定的技术难度，对建筑性能优化设计感兴趣却又不想陷入过于深入技术讨论的读者，可以有选择性地阅读本章，例如，只阅读 3.4 节，因为本节面向建筑设计中常见的性能优化问题，给出了适宜的优化算法的推荐，具有较强的实践指导意义。当然，如果想深入了解为什么这些算法较为适宜，就要阅读前面的 3.3 节“优化算法的效能”。

第 4 章为技术，介绍了建筑性能优化设计技术的基本概念和建筑性能优化设计技术的实现途径，通过两个具体案例进一步展示了如何实现建筑性能优化设计。需要说明的是，随着建筑性能优化设计研究和实践的不断进步，实现建筑性能优化设计的技术手段绝不仅限于本章介绍的内容，应用场景也绝不仅限于本章给出的两个案例。因此，将本章内容看作是对建筑性能优化设计技术基本原理的讨论，而非全面的技术总结较为合适。

在撰写本书的过程中，庄典、李艳霞、杜思宏做出了积极的贡献。同济大学出版社的编辑认真编校书稿，确保出版质量。在此，对他们表示诚挚的感谢！

对于书中的疏漏，恳请读者批评指正，我（而非其他两位作者）承担全部责任。

石　邢
2022 年 3 月 22 日于上海

目　录

第 1 章　建筑性能及其评价、分析和设计

1.1　建筑性能的概念

第一个可被称为“建筑”的人造构筑物出现在何时已不可考，但人类建造建筑的历史长达万年以上。现存最古老的人造构筑物是位于法国西北部的巴内尼兹陵墓，大约建造于公元前 4800 年，距今近 7 000 年，长 72 m，宽 25 m，高逾 8 m。[1] 自建筑出现伊始，性能就是一个与之伴生的密不可分的属性。我们总是在自觉或不自觉中设计、实现、调控、评价、优化建筑的性能。

“性能”一词在建筑学和其他多个学科里被广泛使用，然而其概念却较少被深究，常与“功能”等相似概念混淆。性能的概念可分为广义和狭义两种。

1.1.1　广义的建筑性能

广义的建筑性能的概念往往被较随意地使用，建筑的各种品质和表现都可称为性能。Preiser 和 Vischer 将建筑的性能按照层级分成三类（图 1–1），从低到高分别是：（1）健康、安全和保险性能；（2）功能、功效和工作流程性能；（3）心理、社会、文化和美学的性能。[2] 这一性能的概念和 Maslow 提出的著名的人类需求的层级理论 [3] 非常相似，也和建筑学专业所熟悉的古罗马建筑师 Vitruvius 提出的建筑质量三标准 [4]——“坚固、耐用、美观”大致对应。

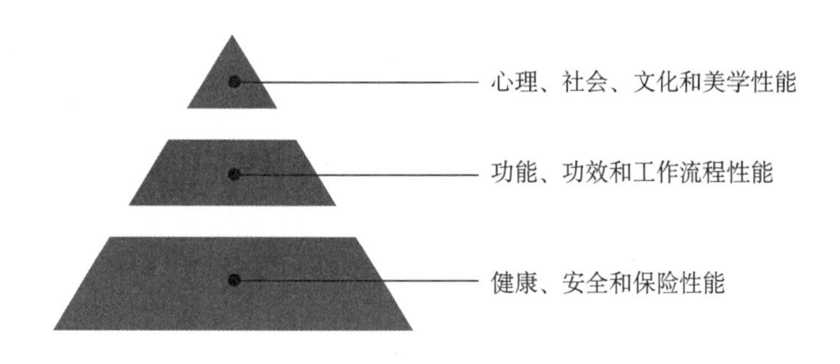

图1–1　Preiser和Vischer提出的建筑性能的三个层级

在建筑学领域，与“性能”一词联系密切且常通用的是“功能”。二者的区别在英文语境下清晰明了。性能直接对应的英文是performance，根据韦氏英文词典的解释，意为“the ability to perform”或“the manner in which a mechanism performs”。[5]前者的含义近似为“效率”（efficiency），后者则可理解为“一种机制工作的方式”。功能直接对应的英文是function，同样根据韦氏英文词典，function的解释为“the action for which a person or thing is specially fitted or used or for which a thing exists”，近义词为purpose，可理解为“存在的目的”。由此可见，性能与功能的含义还是有明显区别，不应混淆使用。

如果把功能理解为建筑“存在的目的”，那么从概念上来说，性能可以看作是功能的具体表现，通常可以被度量。以建筑采光为例，“采光功能”指的是实现采光这一目的，而其效果如何则用“采光性能”来描述，通常用照度、采光系数等物理量进行度量。

建筑学领域探讨性能的研究、论著和文献很多，总结关于建筑性能的诸多论述，我们可以发现如下一些基本规律。

（1）作为供人或物居住或使用的建筑，其安全性能总是被放在首要地位。

（2）建筑的基本使用功能，包括所创造的人居环境，是性能构成的一大要素。

（3）作为物质存在的建筑，还蕴含着以非物质形态表达的社会、文化、美学的属性，这些亦可被纳入建筑性能的范畴。

1.1.2 狭义的建筑性能

如上所述，广义的建筑性能可以泛指建筑一切的品质和表现。如此使用“性能”一词，在进行一般性讨论时尚可，但在探讨建筑学领域的专门化问题时，例如性能的设计、性能的标准、性能的评价、性能的优化等，会过于泛化，产生不便。因此，还须对建筑性能进行边界更加清晰、内涵更加明确的概念建构。

狭义的建筑性能是指建筑完成其应有功能的效果和效率，具体分为以下四类。

1）安全性能

安全性能是建筑保障其使用者（人或其他）生命财产安全的能力。安全性能中最重要的内容是结构安全性，即建筑结构（主体结构和围护结构）有足够的能力抵抗各类力学荷载，这些荷载包括自重、风荷载、地震力等。除结构安全性外，诸如防火、逃生等性能也属于安全性能的范畴。在建筑所有的性能中，安全性能居于最重要、最基本的地位，是讨论其他性能的前提。建筑的安全性能受损或丧失，会导致严重的后果，危及建筑使用者的生命财产安全。建筑学和土木工程是研究建筑安全性能的两个主要专业。

2）空间性能

空间性能是建筑为其使用者创造空间，满足各类使用功能，并提供特定的空间体验的能力。衡量空间性能可采用多种指标，其中几何尺寸是最基本、最常用的指标。空间性能不仅是单一空间的属性，还应表征多个空间之间的逻辑关系和组合方式。因此，空间性能是建筑学专业关注的核心性能和开展研究的基础性学术问题。对空间性能还可更进一步进行哲学层面的解析和研究。[6]

3）环境性能

环境性能是建筑创造出的满足其使用者特定要求的环境品质。环境性能是建筑的核心性能之一，决定了建筑的宜居性、适用性和效率，是评价建筑的重要依据。环境性能包括的内容很丰富，其主要组成是可感知、可度量的物理环境，包括热环境、声环境、光环境、空气品质等。具体用来度量这些物理环境的指标包括温度、湿度、空气流速、照度、噪声、CO_2 浓度、固体颗粒物浓度等。其他一些指标，例如室内外视觉联系度，也可归为环境性能。

4）经济性能

经济性能（包括能源和资源消耗）是建筑在设计、建造、运营和拆除过程中消耗的人力、物力和财力，包括各种能源和资源的消耗均可折算为用货币计量的经济性能。作为人类一种重要的物质生产活动的产物，建筑的经济性能非常重要，居于基础性地位。建筑的经济性能可分为一次性的和长期持续产生的。例如，在建筑建造阶段消耗的材料和资源属于建筑一次性产生的经济性能；而在建筑运行阶段消耗的能源、水等则属于长期持续发生的经济性能。

将建筑能耗归入经济性能，这需要专门的说明。建筑能耗是当前建筑行业普遍关注的重点，也是可持续和绿色低碳背景下进行建筑设计、建造和运维必须考虑的关键性能指标之一。从概念体系构建上来说，将能耗归并入建筑的经济性能主要基于以下考量。

（1）能耗是建筑所有用能系统消耗的能源的总和。建筑里常见的用能系统包括：营造建筑室内宜居物理环境的暖通空调系统、照明系统，满足建筑交通使用功能的电梯、自动扶梯，各类插座电器，专用生产性设备等。对于办公建筑、酒店、商场、住宅等民用建筑而言，暖通空调系统的能耗通常占建筑总能耗的大部分。由于暖通空调系统消耗能源的根本目的是营造建筑室内宜居的物理环境（照明系统亦如此），因此建筑能耗的产生与建筑的环境性能有密切关系，但建筑能耗本质上并不属于建筑的环境性能。

（2）能耗可用与能源相关的单位计量，例如某建筑一年消耗的能源可用“kW·h”或“度”计量，但同时也可折算为经济成本。事实上，降低建筑能耗、实现建筑节能对于整个国家和社会具有可持续发展的战略意义，但对于单栋建筑而言，经济利益的驱动是更加直接的原因。这一特点与建筑里很多资源（例如水）的消耗具有类似之处，即宏观上具有环保节能、实现可持续发展的意义，但在微观上主要受经济利益的驱动。

（3）尽管将建筑能耗归并入建筑的经济性能，但在实际建筑的设计和运行过程中，完全可以将能耗作为一个单独的重要性能指标进行设计、控制和优化。

5）不可量化的性能

前述4类性能的共性是可被量化，结构安全性能可用承载力来衡量，热环境性能可用温度高低、湿度大小、空气流速快慢来衡量，采光性能可用照度来衡量，经济性能可用成本折合货币量来计量。但建筑除了这些可计量的性能外，还存在很多不可量化的性能，包括美学的、社会的、人文的、历史的、心理的性能等。这些性能同样是建筑学专业研究的重要内容，也是其区别于其他相关工程类专业（例如土木工程）的特点。

本书研究的建筑性能包括环境性能和经济性能中的能耗。安全性能、空间性能、不可量化的性能不在本书研究范围内。

1.2 建筑性能的评价

作为可量化的建筑品质和属性的具体表现，建筑性能的评价很重要。对建筑性能进行评价能够为建筑的设计、建造、运维提供重要和有价值的信息，辅助建筑师、工程师、施工方、物业管理者、业主等建筑的利益相关方在建筑全生命周期的各个环节作出正确合理的决策。建筑性能评价可以包括建筑的多种性能方面，涉及建筑的各个组成部分；可以是快速的、概念性的、基于经验乃至直觉判断的简单评价，也可以是详尽的、量化的、使用模型计算分析的复杂评价。建筑性能评价是很多建筑规范标准，特别是各种绿色、低碳、节能、可持续的建筑评价标准中规定的重要内容。因此，建筑性能的评价已成为建筑学当前的重要研究方向之一。

1.2.1 两种建筑性能的评价

建筑性能的评价可分为设计中评价（in-design evaluation，IDE）和使用后评价（post-occupancy evaluation，POE）两类。认识这两类评价的区别对于理解建筑性能及其与建筑设计和运维的关系具有重要的意义。

设计中评价指在建筑的设计阶段运用各类技术手段对建筑的性能进行计算、分析和评估。例如，在某办公建筑的设计过程中，建筑师使用 Radiance 软件[7]对建筑设计方案的天然采光性能进行了模拟分析。根据模拟分析结果,发现有些空间的天然采光性能达不到预设的要求，于是对设计方案进行了调整。其中对天然采光性能的评价就属于设计中评价。再例如，在某住宅小区的规划设计中，建筑师计算了前后排住宅楼的日照间距，并同设计标准规定的最小日照间距进行了对比，发现满足要求，这也是设计中评价。建筑性能的设计中评价本质上是根据设计方案对建筑未来建成后实际表现出的性能的一种预测以及是否满足特定要求的分析。

使用后评价是指在建筑建成并投入使用后，通过调研、问卷、实测等方式获得建筑性能的相关数据和信息，并加以分析和评估。例如，某酒店安装了一套能耗与环境指标监测系统，投入使用后，对用能系统各组成部分产生的能耗以及大堂、客房、餐厅等空间的温度、湿度、CO_2 浓度、$PM_{2.5}$ 水平等环境指标进行了监测。通过对监测数据的分析，发现该酒店夏季室内温度被控制在过低的水平，导致空调系统超负荷运行，能耗过高，造成浪费。根据评价结果，酒店适当调高了夏季室内温度控制水平，在仍然拥有良好的室内热环境的前提下实现了空调运行能耗的节约。这一评价就属于使用后评价。

建筑性能的设计中评价和使用后评价具有以下重要的特点和区别。

（1）建筑性能的设计中评价相较使用后评价而言,更加迅速和便捷。

建筑性能的使用后评价一般通过实测、问卷、调研等方式完成，不论哪种方式都需要耗费较长时间。而建筑性能的设计中评价一般通过计算、软件模拟、图示分析乃至经验判断等方式完成，需要的时间相对较短。

（2）建筑性能的设计中评价相较使用后评价而言，成本较低。

由于建筑性能的设计中评价主要依靠计算、软件模拟、图示分析乃至经验判断等，因此成本相对较低。而建筑性能的使用后评价需要安装传感器、进行数据采集、展开现场调研、分发并回收问卷等，需要的人力物力投入较大，因此成本较高。

（3）建筑性能的使用后评价反映的是建筑的实际运行状态，通常更加客观可靠。

建筑性能的使用后评价基于建筑的实际运行状态，无论是实测、调研还是问卷，都能较为真实可靠地反映建筑在实际运行中的各项性能和用户的满意程度。而建筑性能的设计中评价往往需要对建筑在投入使用后的一些参数进行假定，并以此计算和分析需要被评价的性能指标，因此带有一定的不确定性，可能与建筑实际运行状态有出入。因此，二者相比，建筑性能的使用后评价通常更加客观可靠。

（4）建筑性能的设计中评价和使用后评价都旨在确保建筑在运行过程中表现出良好的性能，但各自作用的方式不同。

无论是建筑性能的设计中评价还是使用后评价，其最终目的都是确保建筑在运行过程中表现出与设计相符的、宜居的良好性能，从这一点来说，二者有一致性，所不同的只是作用方式。建筑性能的设计中评价发生在设计阶段，彼时建筑尚未真实存在，进行评价具有预测性能并指导其优化的作用。而建筑性能的使用后评价则直接针对建成建筑的真实运行状态，具有直观有效的特点。

（5）建筑性能的使用后评价对于诊断建筑运行中存在的问题具有重要意义，但分析和鉴别导致问题产生的原因相较设计中评价而言更加困难。

建筑性能使用后评价获得的数据描述了建筑的真实运行状态，因此对于诊断建筑运行中存在的问题相较设计中评价而言具有更为重要的意义和更大的价值。然而，由于建筑的真实运行状态非常复杂，使用后评价采集的数据量较大，从大量的数据中甄别和发现建筑运行存在的问题并非易事。相较而言，建筑性能设计中评价通常利用各类计算分析工具，易于将影响参数独立出来进行分析，能够建立起设计参数和性能指标间较为清晰的关联，从而有效地评估性能设计中存在的问题并寻找到解决方案。

表 1-1 从发生阶段、技术措施、评价速度、资源投入、主要用途 5 个方面归纳总结了建筑性能设计中评价和使用后评价的主要区别。

表 1-1　建筑性能设计中评价和使用后评价的主要区别

评价类型	发生阶段	技术措施	评估速度	资源投入	主要用途
设计中评价	建筑设计过程中	计算、模拟、分析、经验判断	较快	较小	评估设计方案的性能和品质，为调整和优化设计提供依据
使用后评价	建筑建成并投入使用后	现场测试、问卷、调研	较慢	较大	反映建筑的真实运行状态，对诊断建筑运行中存在的问题并优化其运行具有重要意义

1.2.2　建筑性能的使用后评价

国内外关于建筑性能使用后评价的研究成果较多，对 POE 的概念及内容进行了探讨，有助于加深我们对于使用后评价的理解。

英国建筑研究协会（Building Research Establishment，BRE）对建筑性能使用后评价的概念的描述是：使用后评价是获得在使用中的建筑性能反馈的过程。使用后评价的意义正在被越来越广泛地认识，它正在成为很多公共项目的强制性要求。使用后评价对所有建筑类型都有价值，特别是医疗建筑、教育建筑、办公建筑、商业建筑和住宅，在这些建筑中，低下的建筑性能将影响建筑的运行成本、使用者的舒适度和健康水平以及工作效率。[8] Zimring 和 Reinzenstein 认为建筑性能的使用后评价是：对人类使用者占用的设计环境之有效性的一种检查。有效性包括很多物理的和组织的因素，这些因素有助于提升个人和机构目标的实现。[9] Presier 将建筑性能的使用后评价定义为“一种允许物业管理者系统地发现和评价建筑关键性能的诊断工具和系统”。[10] 进一步，Presier 区分了三种类型的建筑性能使用后评价，分别是：表征性的（indicative）、探究性的（investigative）、诊断性的（diagnostic），它们的特点分别是：（1）表征性的建筑性能使用后评价建立在快捷的现场调研基础上，包括对关键人员的访谈、与使用者的小组会议及检查。（2）探究性的建筑性能使用后评价综合利用访谈、问卷、照片与视频记录、测量等手段，为评价提供更深入的信息。（3）诊断性的建筑性能使用后评价可能耗时几个月乃至几年，需要高度复杂的数据采集和分析技术，主要聚焦在性能评价要素的各个方面。

Göçer 等总结了 10 种较有影响力的建筑性能使用后评价方法或体系，[11] 分别是：（1）设计品质指征（Design Quality Indicator，DQI），一种用以评价新建和改造建筑的方法。DQI 可在建筑项目的各个阶段使用，对于提升建筑项目的品质有着基础性的作用。[12]（2）总体喜好度（Overall Liking Score，OLS），由英国曼彻斯特大学科学与技术研究所提出一种分析方法，通过问卷调研建筑使用者对工作环境的喜好程度。OLS 评价建筑最重要的各项性能，包括照明、通风、采暖、办公服务、能源管理等，并进一步评价使用者的喜好程度及他们认为各项性能的重要程度。[13]（3）使用者调研与报告方法，由建筑使用研究公司提出，是一种自洽的使用者问卷调研与基准建立方法，用以对不同类型的建筑进行全面快速的研究。[14]（4）从经验中学习（Learning from Experience，LFE），包括将被评估的建筑相关的人员召集到一起，讨论他们将要做什么、正在做什么、已经做了什么。LFE 方法由高等教育设计质量论坛（Higher Education Design Quality Forum，HEDQF）提出，该方法最初用于评价大学建筑，后来逐渐被扩展到其他更多的建筑类型上。[15]（5）能源评价与报告方法（Energy Assessment and Reporting Methodology，EARM），EARM 方法参考了用于进行建筑使用状态能源调查的英国注册建筑服务工程师协会（Chartered Institution of Building Services Engineers，CIBSE）的 TM22 方法，而且可被用来提出设计目标，以评估设计并且检查现场相关系统的安装及调试情况。EARM 方法包括采集和报告能耗、成本、碳排放三个组成部分。[16]

（6）建筑及其工程系统使用后评价方法（Post-occupancy Review of Buildings and their Engineering，PROBE），PROBE是由英国政府和建设者组织联合资助研发的一种进行建筑使用后评价的方法。该方法采用定性和定量的反馈及工具，例如CIBSE TM22能源调查方法、访谈、快捷的现场观察、技术问题评估、问卷等。[17]（7）现场测量及使用者问卷方法（Field Measurements and User Questionnaire，FMUQ），该方法是不同的研究者使用的多种个体技术的总称，建立在对建筑系统技术性能认识的基础上，相关数据通过问卷、观察、访谈、能源计量、便携式仪器测量等手段获得。（8）软着陆（Soft Landing，SL），有时又被称为诊断性使用后评价。该方法通常在建筑投入使用3年后开展，鼓励设计方、建造方在建筑交付前和交付后都积极参与到性能评价中，从而将“供给侧”移动到与用户更加靠近的位置。SL方法包括个人调查、讨论、对建筑投入使用后前3年的能耗进行监测等手段。[15]（9）CBE建筑环境满意度研究，由加州伯克利建成环境研究中心开发。提出了一种基于互联网的标准化调查方法，聚焦于使用者满意度和舒适性，包括室内空气品质、热舒适度、照明和噪声等。[18]（10）美国内务部公共建筑服务部门提出的工作场所计划，该计划使用在线调查来获取及评测建筑使用者对搬入新工作场所前后的反应。[19]

从开展方式和采用的技术手段上说，建筑性能使用后评价包括以下三种。

（1）基于专业人员观察和分析的评价。在建筑建成并投入使用后，专业人员对建筑进行现场检查，不借助复杂的仪器设备而主要凭借观察和一般性询问了解，获得对建筑的认知，并结合专业知识进行分析和评价。这一方式简单便捷，是进行建筑使用后评价最基础的方式和技术手段。评价的结果和质量取决于多种因素，包括观察和询问的全面性及针对性、分析的深入程度、专业人员的知识及技能水平等。

（2）基于现场测量的评价。建筑性能使用后评价的核心内容是掌握建筑的运行状态，包括建筑的环境品质（温度、湿度、声、光、空气等）、各类系统（围护结构、暖通空调系统、照明系统、交通系统等）的运行情况、能耗、水耗等。为了掌握建筑的这些运行状态，需要借助多种仪器设备进行现场测量。有些测量是一次性的或短期的测量，而有些测量则是时间跨度几周、几个月乃至几年的长期观测。基于现场测量进行评价是建筑性能使用后评价突出的特征，也是其具有技术含量和可信度的主要原因。

（3）基于使用者主观感受的评价。由于建筑为人服务的基本属性，建筑性能使用后评价必须包括对建筑使用者主观感受的调研和分析。

对建筑使用者主观感受进行研究的经典代表之一是始自于20世纪60年代，以Fanger为代表的学者开展的建筑室内人员热舒适度研究。[20] 今天，建筑使用者主观感受通常采用“满意度”这一含义甚广的指标进行计量和描述。获得使用者主观感受的调研可以通过访谈、问卷等方式进行。在访谈和问卷中向被调研人提出的问题可以是选择性的，也可以是开放性的；可以是定量的，也可以是定性的。从这一角度来说，基于使用者主观感受的建筑性能使用后评价应充分借鉴和参考心理学、社会学等学科领域的方法和经验。

显然，综合运用这三种技术手段的建筑性能使用后评价是一种主客观结合的评价。客观评价为主观评价提供了坚实可靠的科学基础，而主观评价为客观评价提供了重要的补充和必不可少的价值判断依据。

1.2.3 建筑性能的设计中评价

建筑性能的设计中评价发生在建筑设计的过程中，是建筑设计不可或缺的一环。建筑师和其他设计人员在建筑设计过程中，经常需要对建筑的各项性能进行或简略或详尽的评价。评价的目的是考察建筑的某一项或某几项性能是否满足预设的要求，进而基于此对设计方案进行调整和优化。这些预设的要求可以是根据规范标准提出的，可以是根据业主方的需要提出的，可以是根据项目的具体情况提出的，也可以是根据建筑师的某种特定的设计目标考虑提出的。

建筑性能的设计中评价遵循的基本流程包括确定性能目标、进行性能分析、根据目标对性能进行评价和方案调整四个阶段。首先，确定设计方案应达到的性能目标；其次，根据设计方案，采用适宜的技术手段，对性能进行分析；再次，将性能分析结果与确定的设计目标进行比较；最后，如果不满足，则对设计方案进行调整，如果满足，就结束设计流程（图1–2）。

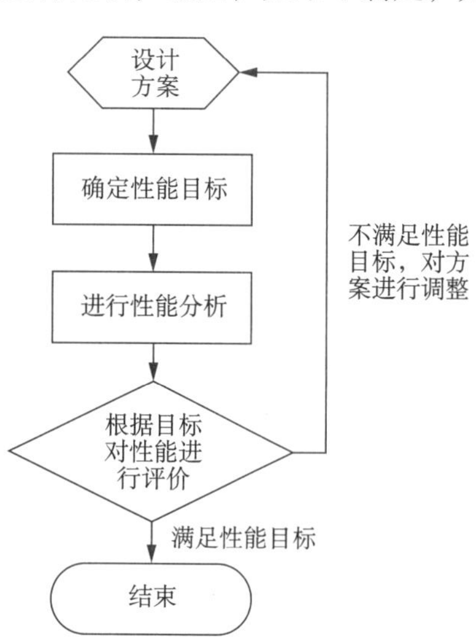

图1–2 建筑性能设计中评价的基本流程

在图1–2所示的建筑性能设计中评价的基本流程中，性能分析是重要的一环。建筑性能的分析除了依靠建筑师和设计人员的专业知识和设计经验外，最常用的技术手段就是计算机模拟。

1.3 建筑性能的分析

建筑性能的设计中评价是在建筑的设计过程中对其性能进行

的评价，进行评价时，建筑尚未真实存在。因此，建筑性能的设计中评价本质上是对建筑性能的一种预测，这种预测可以采用多种技术手段，包括概念分析图、人工计算、经验判断等。当前最重要、也是最主流的建筑性能设计中评价依靠的技术手段是借助计算机进行性能计算，也就是性能模拟。

建筑性能模拟是建筑学及其他相关学科的重要研究方向之一。国际建筑性能模拟协会（International Building Performance Simulation Association，IBPSA）是这一研究方向上最大的国际性学术组织。[21] IBPSA 自 1985 起每两年举行一次世界范围内的学术大会（只有 1985 年举行的第一届大会和 1989 年举行的第二届大会之间间隔 4 年），交流研讨与建筑性能、城市性能、性能模拟、性能优化等相关的研究进展和工程实践，产生了重要且广泛的影响。IBPSA 还出版有专门发表建筑性能模拟研究领域最新成果的学术期刊 *Journal of Building Performance Simulation*。[22]

建筑性能模拟是一个丰富且精深的领域，模拟不同性能时，使用的理论模型、数值方法、技术工具不尽相同，对建筑任何一种性能的模拟进行全面深入的阐释都需要较大的篇幅。站在建筑学的视角，本书仅择三种重要且常见的建筑性能进行讨论，分别是能耗、天然采光、自然通风，目的是建立起基本的概念和知识体系，为将来进一步深入研究奠定基础。因此，在介绍这部分内容时，尽量考虑建筑学专业的知识背景和需求，避免过于复杂的理论和技术内容。

1.3.1 从建筑性能的定性分析到定量计算

建筑性能，特别是建筑的环境性能和能耗，从理论上说是由客观物理规律决定的现象，因此是可以被定量计算的。但受制于理论和技术发展水平，直到近现代，人们才能对建筑的大部分性能进行较为科学准确的定量计算。在此之前，在建筑的设计、建造、运维过程中，建筑师和工程师们只能根据专业知识和经验对建筑性能进行概念化的定性分析。尽管如此，这些概念化的定性分析也对确保建筑性能起到了重要的作用。而即使是在近现代已能够对建筑性能进行科学准确地定量计算的情况下，很多建筑师在建筑设计，特别是早期方案设计阶段，仍然借助概念化的定性分析对建筑性能进行研究并指导设计思路的发展。

文艺复兴以后至工业革命时期，以欧洲为中心兴起的科技革命为建筑性能的定量计算奠定了科学和技术的基础。例如，傅里叶于 1822 年出版的不朽巨著《热的解析理论》[23]，对各种类型物体中的热传导问题进行了深入的研究，将物理问题数学化并引入强有力的数学分析工具予以解决。该著作里建立起的科学理论和分析方法日后成为建筑室内外热平衡与能耗计算的基础。

由于建筑性能的多样性和复杂性，很多时候即使性能的理论模型和物理方程已知，但依靠人工计算却很难获得满意的解答。伴随着计算机软硬件技术和水平的提高，模拟就成为计算建筑性能的强大技术和主流方法。

1.3.2 模拟的基本概念

模拟是对真实世界中的过程或系统随时间变化的规律进行的一种模仿和虚拟再现。[24] 模拟首先需要一个描述被模拟的过程或系统的理论模型，该模型能够反映被模拟的过程或系统最关键的特征或行为。模拟在自然科学、工程技术、社会科学等诸多领域都有着广泛的应用和重要的价值。

模拟通常可分为三种类型：物理模拟、交互模拟、计算机模拟。物理模拟指采用物质实体代替真实世界被模拟的客体对象而进行的模仿和虚拟再现。例如，建筑设计领域通过制作模型来研究设计方案，其本质就是一种物理模拟。代替真实世界被模拟的客体对象的物质实体通常体量大大缩小、成本显著降低，从而使得物理模拟成为可能。交互模拟是一种特殊的模拟，其根本特点是模拟系统里有人的存在，人与物质系统的交互是模拟的关键要素之一。交互模拟的典型例子之一是飞行器的模拟驾驶。计算机模拟是采用计算机并基于描述被模拟的过程或对象的理论模型进行的一种模拟。计算机模拟是最常见也是我们最熟悉的一种模拟，在很多领域都有着重要的应用，有时也被称为仿真。除非特殊说明，本书中所讨论的模拟指的都是计算机模拟。

1.3.3 建筑能耗模拟

建筑能耗指建筑所有用能系统实际消耗的各种能源的总和。常见的用能系统包括：采暖系统、空调系统、通风系统、照明系统、热水系统、电梯、各类插座电器等。通过电网输送的电能是建筑能源供给的主要形式，其他能源供给方式还包括：天然气、燃煤、太阳能等。这些不同形式的能源供给方式之间可以互相折算，例如，都采用kW·h（度）来计量。

1.3.3.1 建筑能耗模拟简史

国际范围内对建筑能耗模拟的研究始于20世纪六七十年代，至今已发展成为一个成熟且仍然活跃的研究领域。

1）萌芽期

世界范围内对能源问题的关注始自 20 世纪 70 年代，发生在 1973 年和 1979 年的两次石油危机，使得石油这一现代社会最重要的能源价格飙升。图 1–3 显示了石油从开始大规模开采利用到 2006 年约 150 年间的历史价格波动。从图中可以看到，石油价格在 1870—1970 年的百年时间里，价格相对平稳，在每桶约 20 美元的低位徘徊。但在 1973 年和 1979 年，石油价格发生了两次近乎直线式的跃升，石油价格的飙升导致各类能源价格的上涨，能源不再便宜，包括建筑业在内的诸多行业开始重视节约能源、提升能效。这个大背景是推动建筑能耗模拟技术萌芽并发展的直接原因。

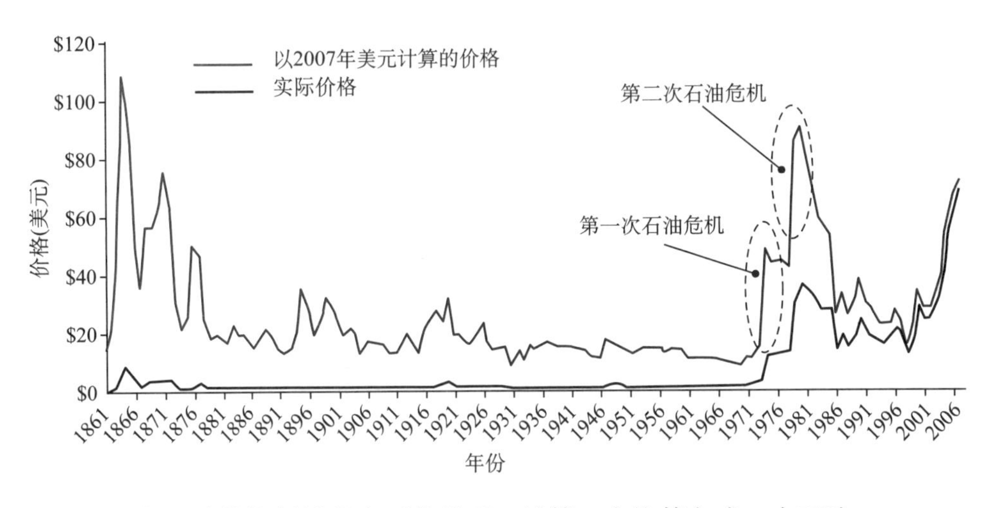

图1–3　石油价格的历史波动

萌芽期的建筑能耗模拟主要依靠手工计算、表格等方式，在理论模型上进行了大量简化，无法较真实地反映建筑的能量平衡和传递。应用模拟的目的主要是为设计人员提供大致的能耗参考。因此，萌芽期的建筑能耗模拟技术使用起来较为简单，由于技术本身存在较大的近似和简化，模拟结果的准确性较低。

2）发展期

大约在 20 世纪 70 年代中期，第二代建筑能耗模拟技术产生，[25] 建筑能耗模拟进入发展期。该时期的建筑能耗模拟技术开始考虑建筑能量传递与平衡的瞬时性，技术所依托的理论模型仍然主要是分析性的，且较为零散，常采用时域或频域反应因子法来模拟建筑能量传递中的动态过程，而对于建筑暖通空调系统的模拟仍局限在稳态假定。

3）成熟期

建筑能耗模拟技术进入成熟期与个人计算机的快速发展密不可分。大约从 20 世纪 80 年代中期开始，第三代建筑能耗模拟技术开始产生。与发展期相比，成熟期的建筑能耗模拟技术认为只有时间和空间参数是互相独立的，而其他系统参数均互相依赖，这就使得任何一个建筑能量传递和平衡过程都不能被单独求解，标志着建筑能耗模拟技术开始进入整体集成化模拟的时代。

4）当下与未来

虽然历经60余年的发展，建筑能耗模拟在今天仍然是一个相当活跃的领域，新的研究成果、改进的技术工具不断涌现。总体说来，建筑能耗模拟技术在当下与未来的发展趋势包括以下几点。

（1）建筑能耗模拟技术依托的理论模型将能够更加真实、全面、可靠地反映建筑的实际运行状态和能量传递及平衡规律。

萌芽期和发展期的建筑能耗模拟技术基于简化的、经过大量近似的理论模型，与建筑的实际运行状态和能量传递及平衡规律有明显的差异。当下的建筑能耗模拟技术已能够较为真实、全面、可靠地反映建筑的实际运行状态和能量传递及平衡规律,且在描述一些更加复杂、深入的物理现象方面持续进步。例如，以德国佛朗霍夫建筑物理研究所开发的WUFI系列软件为代表的技术，[26]对建筑传热传湿过程进行瞬态耦合求解，并以此为基础进行建筑能耗模拟。建筑的传湿过程与传热过程密不可分，对建筑能耗有着重要的影响，但进行热湿耦合求解具有很大的难度。因此，能够在建筑能耗模拟的理论模型中考虑这样复杂的物理现象，标志着当下建筑能耗模拟技术已达到相当高的水平，并将在未来进一步发展与完善。

（2）建筑能耗模拟技术工具的用户交互界面更加友好，能够方便地与建筑建模工具及其他软件工具进行数据交互，兼容性更强。

早期的建筑能耗模拟技术工具不具备图形化的用户交互界面，依靠数据文本的方式建立模型并设定参数，操作繁琐且直观性差。随着建筑领域计算机辅助设计水平的提高，进入21世纪后，建筑师不论是在方案设计阶段还是在施工图设计阶段，都普遍使用SketchUp、AutoCAD、Rhino等建模或绘图软件。与建筑设计配套的建筑能耗模拟技术工具也紧跟这一趋势，在友好的用户交互界面及与相关软件工具的数据交互性和兼容性等方面取得了长足的进步。例如，OpenStudio是以EnergyPlus为内核进行建筑能耗模拟的一款软件，[27]其特点之一就是友好的用户交互界面及与SketchUp便捷的接口，建筑师建立的SketchUp模型可以方便地导入OpenStudio，进行适当处理后即可送入EnergyPlus进行建筑能耗模拟。是否具备友好的用户交互界面和良好的与建筑建模工具的数据交互性，是衡量建筑能耗模拟技术工具是否易用的重要标准之一。

（3）在进行能耗模拟的同时，集成其他建筑性能模拟功能，实现整合式的建筑综合性能模拟平台。

当前建筑能耗模拟技术发展的重要趋势之一就是在单纯进行建筑能耗模拟的同时集成其他性能模拟的功能，这一发展趋势符合绿色可持续建筑时代对综合性能的要求。以IES为代表的软件产品追求的就是提供综合、集成的建筑能耗及环境性能模拟功能。[28]除了能耗之外，IES还可以进行天然采光、使用者舒适度、日照、通风等建筑性能的模拟。显然，一站式提供多种包含能耗在内的建筑性能模拟功能避免了在多个不同软件之间切换，具有统一便捷的优点。不过，也应该意识到提供多种建筑性能模拟功能的代价往往是在某些单一性能的模拟上难以做到高度的精确和可靠。

（4）为了方便使用，能耗模拟技术工具不断扩充相关的模板、数据库、知识库，内嵌各类建筑构件、设备系统等建筑子系统的模板。

对一栋真实的建筑进行能耗模拟需要耗费较长的时间，其中模拟计算需要的时间只占一小部分，大部分时间花在建模、参数设定和结果分析上。在建模过程中，使用者需要建立建筑的几何模型、划分热区、描述包括暖通空调系统在内的用能系统等，这一过程占据了模拟所需总时间的相当大的一部分。因此，在建筑能耗模拟技术工具中提供建筑构造、部品部件、设备系统的模板，能够显著提高建模效率，缩短建模时间。以DesignBuilder为例，[29]建模时用户可以从一个非常丰富的模板库里方便地选择建筑常见的各类组成子系统，包括门、窗、围护结构构造、空调主机、空调末端等。

（5）在单纯对能耗进行模拟并得出结果以外，增加后处理功能乃至优化功能，力图为使用者提供更为强大的辅助设计能力。

建筑能耗模拟的根本目的是辅助建筑师或其他专业人士在理解并掌握建筑能耗规律的基础上对设计方案或运行状态进行合理优化，以达到节能的目的。因此，对能耗模拟的结果进行后处理和分析十分关键。当下的很多建筑能耗模拟技术工具在这一点上着力颇多，除了能以文本方式输出模拟结果外，还提供了类型丰富、直观形象的各类图表，以展示模拟结果并辅助使用者进行分析。少数前沿的建筑能耗模拟技术工具已开始提供优化设计的功能，可以基于能耗模拟结果对设计方案进行节能优化设计。能够进行智能优化是当前建筑能耗模拟技术的一个重要发展方向。

1.3.3.2 建筑能耗模拟的理论基础

建筑能耗模拟作为建筑技术科学、建筑环境、建筑设备等学科的重要研究方向之一，其理论和技术的发展已较为成熟。对于建筑学专业人员来说，除非专门研究建筑能耗模拟，否则并不需要掌握深入的理论模型和数值计算方法，但对相关基本概念和理论基础有一定的掌握还是有必要的，也符合建筑学专业广博知识面的要求。

建筑能耗的产生是因为建筑里有各种用能设备，这些用能设备的存在是为了满足建筑的各项使用功能并创造宜居的室内环境。例如，空调系统的耗能维持了室内舒适的温度，照明系统的耗能确保了室内足够的照度，电梯的耗能实现了垂直交通。对于办公建筑和很多其他类型的建筑而言，耗能最大的系统通常是暖通空调系统。因此，我们以暖通空调系统为例，介绍建筑能耗模拟的理论基础及涉及的基本概念。

图 1–4 以暖通空调系统为例，展示了建筑能耗产生的基本原理。为了提供宜居的环境，建筑室内温度应该维持在一个较为合适的水平，夏季约 26℃，冬季约 22℃。除非室外一年四季气候非常温和，否则在完全自然的条件下，这一合适的室内温度水平很难维持。以我国夏热冬冷地区为例，夏季室外空气温度经常在 35℃以上，加上来自太阳的辐射得热，建筑室内温度很难维持在 26℃，将会逐渐上升而导致室内温度偏高，使用者感觉闷热。冬季的情况相反，室外空气温度经常在 5℃以下，建筑室内温度也很难维持在 22℃，将会逐渐下降而导致室内温度偏低，使用者感觉寒冷。因此，为了确保夏季建筑室内温度不会过高、冬季不会过低，需要给建筑提供额外的冷量或热量，这就需要依靠暖通空调系统（严格来说，维持室内合适的温度依靠的是供暖和空调系统，不包括通风系统），而暖通空调系统只有通过消耗能源，才能生产出建筑所需的冷量或热量，这就是建筑能耗产生的原理。

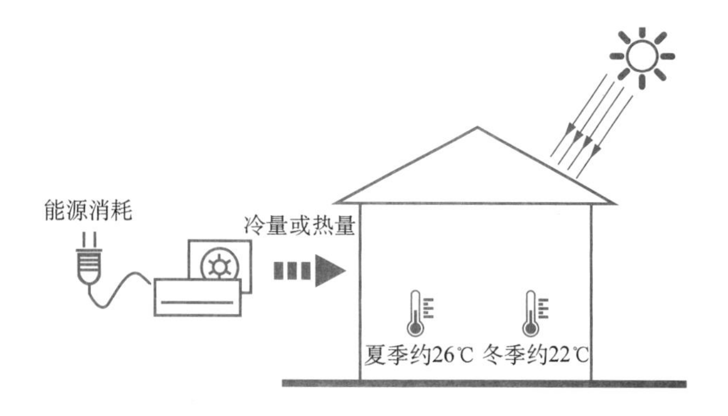

图1–4　建筑暖通空调系统产生能耗的基本原理

公式（1.1）描述了建筑室内外热平衡的基本规律：

$$Q_1+Q_2+Q_3=Q_4 \qquad (1.1)$$

式中，Q_1 为建筑获得的热量，Q_2 为建筑失去的热量，Q_3 为建筑产生的热量，Q_4 为建筑蓄积的热量，全部以建筑获得为正，失去为负。建筑获得的热量 Q_1 包括来自太阳辐射的热量、由室外经过建筑围护结构向室内传递的热量（夏季）、由于室外热空气进入室内而带来的热量（夏季）

等；建筑失去的热量 Q_2 包括由室内经过建筑围护结构向室外传递的热量（冬季）、由于室内温度较高的空气流出到室外而带走的热量（冬季）等；建筑产生的热量 Q_3 包括建筑室内照明系统、使用者、各类用电设备、炊事设备等产生的热量。如果等号左侧的 Q_1、Q_2、Q_3 三者正好抵消，则等号右侧的 Q_4 为零，意味着建筑没有蓄积的热量，室内温度保持稳定。否则，建筑室内温度将产生变化，如果 Q_4 为正，则建筑室内温度有上升的趋势，反之则有下降的趋势。考虑前文所述的暖通空调系统耗能的原理，可在式（1.1）的左边增加一项 Q_{HVAC} 获得式（1.2）：

$$Q_1+Q_2+Q_3+Q_{\mathrm{HVAC}}=Q_4 \tag{1.2}$$

式中，Q_{HVAC} 代表暖通空调系统生产并供应给建筑的冷量或热量，通过调节其大小，可以确保式左边为零，即 Q_4 为零，这意味着建筑既没有净蓄积热量，也没有净损失热量，故而温度保持稳定。

以下与建筑能耗相关的基本概念是建筑学专业人员应该掌握的。

1）被动式

在建筑的环境调控和节能设计中，不消耗能源、利用自然条件、不主要使用人工机械设备的设计（或技术）手段是被动式设计（或技术）。例如，为了提高建筑室内的照度，在屋顶增加采光顶，引入天然光，这一措施利用了来自室外的天然光，没有消耗能源，也没有使用人造机械设备（采光顶在这里不被认为是人造机械设备），因此是被动式设计。又如，为了调节室内环境，提供足够的新鲜空气，外窗设计成可开启的，在室外条件适宜的季节开窗实现自然通风，这一措施利用自然的空气流动，没有消耗能源，也没有使用人造机械设备，因此也是被动式设计。再如，夏季为了避免建筑通过太阳辐射获得过多的热量而导致室内温度上升，为外窗设计了可调节的外遮阳，降低了进入室内的太阳辐射热，节约了空调系统的能耗，这同样是被动式设计。被动式设计是建筑师在建筑的环境调控和节能设计时首先应当考虑并充分利用的设计手段和技术措施。

2）主动式

与被动式相对的是主动式，指的是消耗能源、主要依靠人造机械设备而实现的环境调控技术。例如，夏季利用空调将室内温度维持在 26℃，冬季利用采暖设备将室内温度维持在 22℃，这些措施需要消耗能源，并主要依靠人造的空调采暖设备，因此是主动式设计。再如，某些不具有直接采光条件的建筑空间依靠人工照明获得足够的照度，这也是主动式设计。主动式设计是被动式设计必要的补充，是在被动式设计无法达到建筑环境调控要求的情况下采用的设计手段和技术措施。

3）负荷

对于建筑能耗模拟来说，负荷是一个重要的概念。负荷可以理解为建筑对能源的需求，但不等于建筑的实际能耗。以建筑的热环境调控为例，夏季需要提供的将建筑室内温度维持在一个合适水平的冷量被称为制冷负荷，冬季需要提供的将建筑室内温度维持在一个合适水平的热量被称为采暖负荷。而空调供暖系统的存在就是为了提供这些建筑在夏季需要的冷量和在冬季需要的热量，为了产生这些建筑需要的冷量和热量，空调供暖系统必须消耗一定的能源，这些被消耗的能源就是空调供暖系统对应的实际能耗。如果以年为单位，建筑在夏季需要的冷量和冬季需要的热量之和为全年总负荷，空调供暖系统为了提供这些冷量和热量而消耗的能源为全年总能耗。二者之间的关系由空调供暖系统的能效比（Coefficient of Performance，COP）决定。建筑被动式设计的目的就是为了有效降低建筑的负荷。在能效比一定的前提下，负荷降低就意味着实际能耗的降低。

4）传热系数

传热系数、热阻、热惰性是描述建筑围护结构热工物理性能的三个基本参数。传热系数是围护结构以传导的方式传递热量的能力，传热系数大意味着围护结构传递热量的能力强，反之则意味着围护结构传递热量的能力小。对于真实建筑中常见的多层复合围护结构来说，其整体的传热系数可由各构造层的传热系数计算而得。显然，围护结构的传热系数大，使得建筑在夏季容易从室外通过传导的方式获得热量，在冬季容易以传导的方式向室外损失热量，故不利于节能。建筑围护结构的保温构造就是为了提高其传热系数，降低建筑不必要的得热或热损失，达到节能的目的。

5）热阻

热阻可理解为建筑围护结构抵抗热量以传导的方式传递的能力，其值和传热系数互为倒数。传热系数越大，则热阻越小；传热系数越小，则热阻越大。多层复合围护结构的总热阻大致等于各构造层热阻之和（这里考虑的是常见的墙体各构造层逐层复合，形成一个热阻串联结构的情况）。国内外与建筑节能或热工设计相关的规范标准里，通常都会规定围护结构需要达到的最小热阻值，或不能超过的最大传热系数值。

6）热惰性

热惰性衡量的是建筑围护结构的热稳定性，与热容和比热等概念相关但又不完全相同。简单地说，某建筑围护结构吸收了一定的热量，但自身温度上升较小，热惰性就大。如果另一建筑围护结构吸收了同样大小的热量，但自身温度上升较大，热惰性就小。围护结构的热惰性与组成围护结构的材料有密切关系，一般说来，重质材料的热惰性比轻质材料大。

7）新风

新风指新鲜的空气，为建筑提供足够的新风是自然通风或机械通风的目的。为了满足使用者对健康空气品质的要求，建筑需要一定的新风以替换室内浑浊的空气。例如，我国规定办公建筑每人每小时新风量应不小于 30 m^3，[30] 与美国的相关规定大致相当。[31] 新风与建筑能耗的关系较为复杂。一方面，在室外空气温度较为适宜且质量较好的情况下，引入新风能够有效调节室内温度，改善室内空气品质，降低空调系统的能耗。但另一方面，在夏季供冷或冬季采暖季节，提供新风会明显增大建筑的负荷，因为室外温度较高的新风（夏季）或温度较低的新风（冬季）会携带大量热量或冷量进入室内，为了把这部分新风处理到室内的设计温度，暖通空调系统必然要额外耗费更多的能量。

8）空气渗漏

空气渗漏和新风的相同之处在于二者都是室外的空气进入到室内，不同之处在于新风是建筑所需要的、经过设计的室内外空气交换，而空气渗漏是建筑难以避免的、通常不需要的室内外空气交换。任何建筑的围护结构都不可能做到绝对气密，构件与构件交接处（例如窗与窗周边的外墙）以及构件本身都有一定的缝隙，从而产生空气渗漏。从节能角度来说，空气渗漏应该尽量避免，因为这一不需要的室内外空气交换会带来额外的供冷或采暖负荷。值得注意的是，也有因为空气渗漏在无意间为建筑提供了一定量的新鲜空气，从而提升了室内空气品质的案例。

9）热工设计分区

热工设计分区指建筑室内温度控制点及控制方式一样的空间的集合。热工设计分区和室内空间划分有关系但又不完全一样，如果几个房间有同样的温度控制点和控制方式，则它们的空间可被归并为一个热工设计分区。

10）运行状态

运行状态指建筑在实际使用过程中所处的各种状态，含义较广。建筑使用者的作息制度是典型的运行状态之一。例如，某办公建筑从星期一到星期五，其使用者大多在上午 8:30 开始上班，下午 5:30 下班，中午 12:00 到 1:00 午休 1 小时，星期六、星期日除了少量物业管理人员外，其他使用者基本不在。这一运行状态对建筑能耗有直接的影响，工作日的白天由于使用者数量较多，暖通空调系统、照明系统、办公电器等消耗的能量也较多，而在夜晚和周末则较少。建筑环境调控系统的设定调控点和调控方式是另一典型的运行状态。仍以同一栋办公建筑为例，夏季的工作日，空调系统从上午的上班时间 8:30 开始开启，温度设定在26℃；下午5:30，主要的空调系统关闭，少量需要加班的使用者仍然可以按照需要开启部分房间的空调。冬季的工作日，从上午8:30开始，采暖系统开启，温控点设置在22℃，直到下午5:30；在夜间，为了防止出现过低温度而导致管道冻结，采暖系统仍然保持开启，但温控点被降低到15℃。和前述概念相比，建筑的运行状态具有一个突出且重要的特点，即不确定性。由于建筑的运行状态与建筑使用者的行为有密切关系，而使用者行为具有明显的主观性和随机性，难以预测，频繁变化，因此就导致建筑运行状态具有较强的不确定性。例如，在建筑设计和建筑能耗计算中通常采用的室内人员固定作息制度的描述方法就具有很大的简化性，难以反映在真实情况下使用者各种复杂的活动。因此，对使用者行为的研究是当前国内外一个颇为活跃的方向。[33-35]

1.3.3.3 建筑能耗模拟的基本方法

建筑能耗模拟包括建筑负荷模拟和建筑用能系统模拟两大部分。建筑负荷模拟分为建筑供冷负荷模拟和建筑采暖负荷模拟，建筑用能系统模拟主要的部分是暖通空调系统模拟，也包括照明系统模拟等。对于建筑学专业而言，通过被动式设计有效降低建筑的负荷，从而实现节能的目标，是最重要也是最基本的设计原则。因此，本书仅介绍建筑能耗模拟中的负荷模拟，关于建筑用能系统模拟可参考其他专著或文献资料。

建筑的负荷模拟虽然只是建筑能耗模拟的一个组成部分，但仍然较为复杂，存在多种不同的理论模型和方法。其中，最为经典的建筑负荷模拟方法当属热平衡法，它同时也是以EnergyPlus为代表的主流建筑能耗模拟软件普遍采用的负荷模拟方法。

热平衡法的基本原理是对建筑所有的表面逐一进行包括传导、对流、辐射在内的热平衡计算，对建筑室内的所有房间进行对流热平衡计算。热平衡法有几个重要的基本假定：

（1）所有热工分区里的空气都是充分混合的，即在该空间里空气温度是均匀的；

（2）所有表面（墙、窗、楼板等）都具有均匀的表面温度、均匀的长波和短波辐射；

（3）所有表面都是散射辐射面；

（4）在墙及楼板等构件内部只有一维热传导发生，不包含其他传热过程。

在以上假定成立的前提下，热平衡法可看作是由4个热平衡过程按照先后顺序组合起来的方法，它们是建筑外表面热平衡、建筑外围护结构内部热传导、建筑内表面热平衡、建筑室内空气热平衡。图 1–5 显示了热平衡法的总体结构，其中每一个单元都是一个热平衡计算过程。

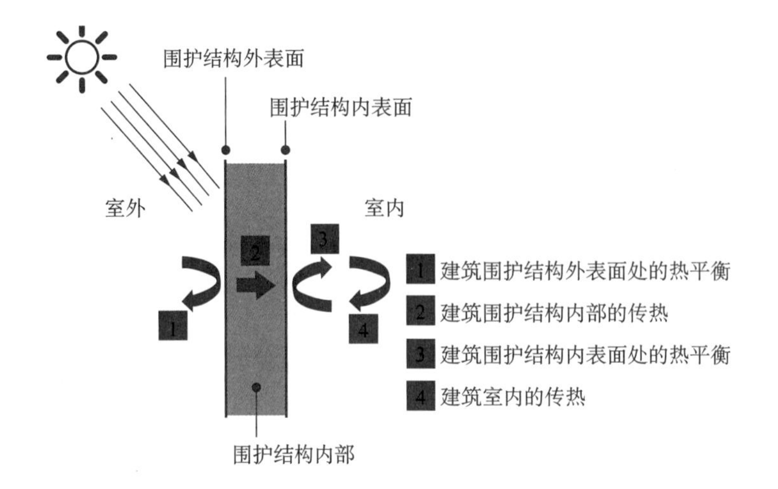

图1–5 热平衡法的总体结构

1）建筑外表面的热平衡

考察建筑与室外空气接触的围护结构表面处发生的热平衡，其传热过程包括：外表面接受的来自太阳的辐射（包括直接辐射和散射辐射），与室外空气及建筑周围物体发生的净长波辐射，与接近外表面的室外空气发生的对流传热，向外表面内侧的墙体发生的传导传热。这一热平衡过程可用式（1.3）表示：

$$q_{1,e}+q_{2,e}+q_{3,e}+q_{4,e}=0 \quad (1.3)$$

式中，$q_{1,e}$ 为外表面接受的来自太阳的辐射；$q_{2,e}$ 为外表面与室外空气及建筑周围物体之间发生的长波净辐射；$q_{3,e}$ 为外表面与室外空气发生的对流传热；$q_{4,e}$ 为外表面向内侧墙体传导的热量。这些参数的单位都是 W/m^2。

2）外墙内部的热传导

热平衡法对发生在建筑外墙内部的传热过程进行了简化，假定只有传导传热，其他形式的传热都不存在。然后利用外墙外表面温度、外墙内表面温度、外墙外表面传导热流密度、外墙内表面传导热流密度这四个参数建立方程，描述外墙内部的热传导和热平衡过程。一般说来，外墙内外表面温度被作为已知输入参数，外墙内外表面传导热流密度是计算得到的输出参数。

3）建筑内表面的热平衡

建筑内表面是建筑围护结构内侧与室内空气接触的表面，发生在该处的热平衡过程包括：内表面与室内空气之间发生的长波辐射传热，来自照明器具的、被内表面吸收的短波辐射热量，内表面与室内各种家具、设备等之间发生的长波辐射传热，来自外墙内部、以传导方式传递过来的热量，穿透过外围护结构到达内表面并被吸收的太阳辐射热量，内表面与室内空气间发生的对流传热。综合这些传热现象，建筑内表面的热平衡可用式（1.4）描述：

$$q_{1,i}+q_{2,i}+q_{3,i}+q_{4,i}+q_{5,i}+q_{6,i}=0 \quad (1.4)$$

式中，$q_{1,i}$ 为内表面与室内空气之间发生的对流传热；$q_{2,i}$ 为内表面与室内空气之间发生的长波辐射传热；$q_{3,i}$ 为内表面与室内家具、设备等之间发生的长波辐射传热；$q_{4,i}$ 为内表面接受到的、来自室内照明的短波辐射热量；$q_{5,i}$ 为穿透过外围护结构到达内表面且被内表面吸收的太阳辐射热量；$q_{6,i}$ 为来自外围护结构内部、以传导方式传递到内表面的热量。

4）通过透明围护结构的太阳辐射得热

式（1.4）表达的热平衡过程完整描述了建筑通过不透明围护结构（主要是外墙）与室外的热平衡过程。除此以外，建筑通过透明围护结构（窗、玻璃幕墙、采光顶等）获得的太阳辐射热量是另一影响建筑负荷的重要因素。

建筑通过透明围护结构获得的太阳辐射热量由两部分构成，第一部分是直接穿过透明围护结构进入室内的太阳辐射热量，第二部分是被透明围护结构吸收的向室内传递的太阳辐射热量。这两部分太阳辐射得热的综合效应可用式（1.5）中的太阳辐射得热系数（Solar Heat Gain Coefficient，SHGC）来描述：

$$\mathrm{SHGC}=\tau+\sum_{k=1}^{n}\alpha_k p_k \quad (1.5)$$

式中，τ 为透明围护结构的太阳辐射透射系数；α_k 为透明围护结构中第 k 层玻璃的太阳辐射吸收系数；p_k 为被第 k 层玻璃吸收的太阳辐射热量中向室内传递的比例。

对于式（1.5）的使用需要进行必要的说明。首先，严格来说，式（1.5）针对的应该是一定入射角和波长的太阳辐射。其次，式（1.5）中的 p_k 代表被透明围护结构吸收且向室内传递的太阳辐射热量，这部分太阳辐射热量会同建筑室内空间发生多种热量传递，准确而全面地描述这些传递过程较为复杂。

5）空气热量平衡

热平衡法假定建筑室内每个热工设计分区里的空气温度都是均匀的，且忽略空气的热容。在一个计算时间步长里，对空气的热平衡进行静态分析，可得到式（1.6）：

$$q_{1,a}+q_{2,a}+q_{3,a}+q_{4,a}=0 \quad (1.6)$$

式中，$q_{1,a}$ 表示来自该热工设计分区各表面内侧的对流传热；$q_{2,a}$ 表示该热工设计分区内部热源的对流传热部分；$q_{3,a}$ 表示由于空气渗漏或通风带来的显热传热；$q_{4,a}$ 表示来自空调采暖系统的热量（或冷量）。

式（1.2）到式（1.6）完整描述了建筑负荷模拟热平衡法包括的4个热平衡过程（图1–5）。在特定的气象条件下，通过联立求解这4个方程，即可对建筑负荷进行计算和模拟。除热平衡法以外，建筑的负荷模拟还有多种其他方法，例如辐射时间系列法（Radiant Time Series Method）、响应系数法（Response Factor Method）、传导函数法（Conduction Transfer Functions Method）、周期响应系数法（Periodic Response Factor Method）等。

6）建筑能耗模拟的技术工具

据不完全统计，世界范围内各种建筑能耗模拟的模型和技术工具有400种之多。这些技术工具繁简不同、功能各异，知名的包括EnergyPlus、DOE–2、eQUEST、TRANSYS、IES、DeST等。所有的这些建筑能耗模拟技术工具的主要功能模块可大致分为三个，分别是前处理模块、计算模块和后处理模块。前处理模块负责建立建筑的几何模型并设定各种进行能耗模拟所需的参数或模型，计算模块负责对建筑能耗进行计算，后处理模块负责输出、展示、分析能耗计算结果等。

本书不对建筑能耗模拟技术工具的使用进行详尽介绍，仅强调以下三点在使用这些技术工具时应注意的要点。

（1）根据模拟的具体目的，选择适宜的技术工具。进行建筑能耗模拟有着不同的目的，可能是比较不同的设计方案在能耗方面的表现，也可能是检验设计方案是否满足节能标准的要求。我们应根据模拟的不同目的，有针对性地选择适宜的技术工具。例如，如果模拟的目的是检验设计方案是否满足节能标准的要求，就应该选择类似PKPM这样专门为建筑工程节能验算开发的能耗模拟软件。又例如，如果模拟的目的是研究一些细节的设计参数的选择对建筑能耗的影响，就应该选择类似EnergyPlus这样功能强大、参数设置丰富的能耗模拟软件。

（2）对模拟结果准确性和可靠性的检验是必不可少的一环。完成一项建筑能耗模拟后，不论模拟的目的如何，要做的第一件事就是对模拟结果的准确性和可靠性进行检验。具体的检验方法因使用的模拟技术工具而异，通常包括检查室内温度波动情况、评估能耗强度是否符合常规经验等。

（3）模拟者应对建筑能耗模拟的基本原理有较好的掌握。大多数建筑能耗模拟技术工具都致力于提供友好的用户交互界面，使得模拟者能够方便地建模和设定参数，从而顺利地完成模拟。但是，这并不代表模拟者就不需要掌握建筑能耗模拟的基本原理了。事实上，不了解建筑能耗模拟的基本原理而盲目地使用模拟技术工具，往往会产生错误的结果并导致设计决策的偏差。可以说，一项建筑能耗模拟的好坏不取决于使用的技术工具，而取决于做模拟的人。

1.3.4 建筑自然通风模拟

1.3.4.1 建筑自然通风的基本概念

建筑通风和通过建筑围护结构发生的空气渗漏一样，都是建筑室内外的空气交换，不同之处在于通风是人工设计的、建筑需要的室内外空气交换，而空气渗漏是非人工设计的、建筑不需要的，但又无法彻底消除的室内外空气交换。

按照产生方式的不同，通风可分为自然通风和机械通风。自然通风是依靠自然力而产生的通风，不需要人工机械设备，也不需要消耗能源。机械通风则需要人工机械设备，例如排风扇、风机等，因此会产生能源消耗。

按照驱动力的不同，建筑中的自然通风可分为两种，一种是由于风压导致的，称为风压通风，方向为水平向，穿过建筑平面，通常所说的“穿堂风”即是风压通风。另一种是由于热压导致的，称为热压通风，方向为垂直向，沿建筑剖面流动，又被称为烟囱效应或拔风效应。风压通风和热压通风在建筑中都有着广泛的应用。

建筑需要并提倡进行自然通风主要由于以下 4 点原因。

（1）自然通风有利于室内外空气交换，能够带走室内浑浊的空气，引入室外新鲜的空气，确保室内空气品质。

（2）自然通风有利于调节室内热环境，在室外温度较为适宜的季节，引入自然通风能够有效带走室内积累的热量，调节室内温度。

（3）自然通风是一种被动式技术手段，不需要消耗能源，合理地运用有助于实现建筑节能。

（4）和机械通风相比，自然通风更能给人带来心理和生理上的愉悦。

1.3.4.2 建筑自然通风模拟的三种方法

建筑自然通风模拟有三种基本的方法，分别是：经验公式法、多区空气流网络模型（multi-zone airflow network model）方法、计算流体力学（computational fluid dynamics，CFD）方法。这三种方法采用的模型的复杂程度逐次提高，模拟结果的精确性也随之上升。

1）经验公式法

经验公式法利用基于经验和经过校验的系数及公式对建筑自然通

风进行计算分析，是三种方法中最简单的。由于经验公式法将被模拟的建筑内部看成是一个连续统一的空间，因此也被称为单区模型（single zone model）方法。其实质是使用一组经过测试和检验的系数来描述建筑在自然通风状态下空气的流动。根据经验公式法，通过建筑围护结构上一开口的自然通风量和开口两侧空气压力差的平方根成正比，即：

$$Q_t=\sqrt{Q_w^{\ 2}+Q_s^{\ 2}} \tag{1.7}$$

式中，Q_t 代表通过开口的总通风量；Q_w 代表通过开口的风压通风量；Q_s 代表通过开口的热压通风量。

$$Q_w=0.05AV_h \tag{1.8}$$

式中，Q_w 代表通过开口的风压通风量；A 代表开口面积；V_h 代表在开口高度 h 处建筑室外的风速。

$$Q_s=0.2A\sqrt{\frac{gh\Delta t}{t_a}} \tag{1.9}$$

式中，Q_s 代表通过开口的热压通风量；A 代表开口面积；h 代表开口位置的高度；Δt 代表开口两侧的温度差；t_a 代表开口两侧温度的平均值。

式（1.7）到式（1.9）给出了通过建筑围护结构上开口的自然通风量的粗略估算公式，只适用于单个空间的情况。在真实建筑中，室内存在多个空间分区，自然通风形成的空气流动在室内有着复杂的路径，经验公式法难以准确地反映自然通风的规律，需要更复杂和准确的模型。

2）多区空气流网络模型法

多区空气流网络模型法与经验公式法相比，能更好地模拟包含多个空间和暖通空调系统的建筑的通风及室内空气流动情况（当然也可以用来模拟自然通风）。多区空气流网络模型的源头可追溯至 20 世纪早期，有学者对通过建筑围护结构的空气渗漏进行了研究，假定建筑为简化的单一空间，将风压与通过围护结构上开口的空气渗漏量建立起联系。70 年代，基于单区空气渗漏模型逐渐发展出了多区空气流网络模型。后又经过多方研究，模型持续改进，进一步考虑了建筑分区间的热平衡，从而在模拟风压通风的同时也能模拟热压通风。到 90 年代，多区空气流网络模型方法已较为成熟，可以进行较准确的建筑自然通风模拟，而且能够考虑机械送风与室内不同区域间空气流动的互动和耦合。

多区空气流网络模型将建筑看成是多个空间区域的集合，这些空间区域由空气流动路径连接。作用在建筑围护结构上的风压为边界条件，确定每条空气流动路径的流体关系，通过对空间区域应用空气流体质量守恒定律建立起一组控制方程，对这组方程进行求解即可获得建筑室内的空气流动情况。

3）CFD 方法

CFD 是计算流体力学（computational fluid dynamics）的简称，在自然科学和工程技术的很多领域有着广泛且重要的应用。与多区空气流网络模型相比，CFD 模型更加复杂，能够对自然通风进行更加精确、细致、全面地模拟。

CFD 方法将建筑室内空间分割成很多小单元，对每一个小单元同时求解质量、动量、能量传递和守恒方程，进而确定自然通风的规律和相关属性参数，包括速度、压力、温度、污染物浓度等。CFD 方法本身的技术难度较高，建筑室内空气流动通常包括大量的湍流，对湍流的处理是方法的关键，到今天仍然是一个非常活跃的研究领域。

1.3.5 建筑采光模拟

本节对建筑天然采光（简称采光）模拟进行简要介绍，不涉及人工照明。采光对建筑来说有多重意义，包括提供足够的室内照度、降低人工照明能耗、满足建筑使用者生理和心理的需要、参与建筑美学构成等。

完整的建筑采光模拟需要多个不同功能的模型组合在一起，主要包括以下三个模型：

（1）场景模型：描述目标建筑和周边可能对其采光产生影响的建成环境的三维模型；

（2）天空亮度模型：描述天空亮度的大小和分布规律的模型，是建筑采光的来源；

（3）采光计算模型：根据场景模型和天空亮度模型，计算建筑室内某点或某区域采光大小的模型。

1.3.5.1 场景模型

场景模型描述目标建筑，特别是周围建成环境里可能会对其采光产生影响的其他建筑或物体（例如高大的树木）。对于这些建筑和物体，场景模型首先要描述它们的位置、形状和大小，大多数情况下采用简化的体块即可。除此以外，场景模型还要描述这些体块表面对自然光的透射和反射特性，这些特性会对目标建筑的采光产生明显的影响。例如，目标建筑的邻近有一玻璃幕墙办公楼，在场景模型中就应该将其玻璃幕墙立面定义为具有一定反射率的表面，否则会给模拟结果带来误差。

1.3.5.2 天空亮度模型

发光的天空是建筑采光的来源，因此，天空亮度模型是建筑采光模拟不可缺少的一个组成部分。天空亮度模型描述的是天空亮度的大小和分布规律，亦可理解为从不同的天空半球位置发出的光的多少。天空亮度模型将光线分为直射光和散射光两部分，直射光指来自太阳直接照射到地表光，散射光指阳光被大气中的云、固体悬浮颗粒物、空气分子、水蒸气等散射后到达地表的光。

在 20 世纪初，最早提出的天空亮度模型是被简化的均匀天空亮度模型，模型假定没有直射光，只有散射光，而且来自天球不同位置的散射光强度均相等。20 世纪 40 年代，CIE（International Commission of Illuminance）全云天模型被提出，同样假定没有直射光，但散射光强度在天球上的分布不再是均匀的，而是从天球顶部到地平线按照 3：1 的关系逐步递减，即天球顶部的亮度是天球地平线处亮度的 3 倍。与全云天模型相对的 CIE 晴天模型在 20 世纪 70 年代被提出，代表了天空亮度情况的另一个极端。之后，又有多种不同的天空亮度模型被提出。目前，世界范围内在建筑采光设计中采用的最广泛的天空亮度模型是 CIE 全云天模型。[35]

1.3.5.3 采光计算模型

采光计算模型是整个建筑采光模拟中最核心的模型，提供了计算建筑采光强度和分布规律的算法，对采光模拟的准确性有重要的影响。使用最广泛的两种采光计算模型是 BRE（British Research Establishment）分光法和光线追踪法，其中 BRE 分光法仅适用于计算全云天条件下的建筑采光，而反向光线追踪法可用于计算直射光和散射光共同作用下产生的建筑采光。我国的建筑采光设计标准基于全云天假定，BRE 分光法可以适用。

BRE 分光法将建筑室内的采光来源分解为三部分：天空直接入射部分、外部反射部分和内部反射部分（图 1–6）。在 BRE 分光法刚提

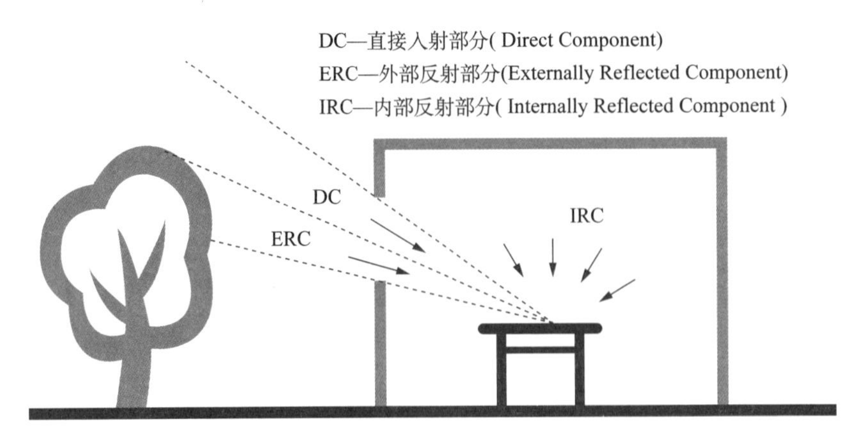

图1–6　BRE分光法中建筑采光的3个来源

出的早期，对这三部分进行计算需要使用专门的辅助图表，将其叠加到建筑的平面和剖面上使用，比较繁琐。随着计算机软硬件水平的提升，现在可使用计算机三维模型快速地实现 BRE 分光法的计算。

光线追踪法利用追踪几何光线的方法来计算光通量。根据追踪方向的不同，光线追踪法可分为正向光线追踪法和反向光线追踪法。正向光线追踪法是指从光源出发追踪光线的方法，反向光线追踪法是指从观察点出发追踪光线的方法。由于反向光线追踪法不需要考虑所有光线，只需要追踪入射到观察点的光线，因此其计算速度要远远超过正向光线追踪法。[36] 建筑采光模型中使用最多的是反向光线追踪法，著名的建筑采光模拟工具 Radiance 使用的就是反向光线追踪法。[37]

1.4 建筑性能的设计

1.4.1 建筑性能设计的本质

由于建筑性能的重要性和对营造人居环境的基础性意义，在建筑设计中需要专门考虑性能问题，即对性能进行设计。但是，从本质上说，建筑师或工程师在设计一栋建筑时，并不可能直接设计建筑性能，他们能够设计的是建筑的物质构成及相关属性，包括空间、构件等。对于空间来说，被设计的是空间的大小、形式、组合关系等；对构件来说，被设计的是形状、位置、材料等。当建筑的这些物质构成及相关属性被设计完成而确定后，在给定的外部环境和使用方式的作用下，建筑就拥有了特定的性能。这就是建筑的性能和建筑物质构成的关系，可以说，我们是通过设计建筑的物质构成来设计建筑性能的。

例如，建筑师在一片开敞的空地上设计一栋住宅，如果确定了住宅的朝向、空间布置、窗的大小和位置，则该栋住宅室内的采光性能就被完全确定了，亦可以说建筑师完成了采光性能的设计。在这一例子中，仍然有两个独立于建筑物质构成之外的因素会影响采光性能，一是外部环境，二是建筑使用者对建筑的使用方式。如果这片开敞的空地上长满了高大树木，显而易见，这栋住宅的室内采光性能会发生显著的变化。如果住宅的居住者放下了窗户的窗帘，和窗帘打开状态相比，室内的采光性能会大大降低。通常，建筑师能设计的，或者说能控制的，是建筑的物质构成，但无法直接设计外部环境和人的行为。需要说明的是，在不考虑场地设计和室外环境设计的假定下，我们可以认为建筑师无法直接设计外部环境，但仍然可以有效地利用外部环境以达到改善建筑性能的目的。此外，建筑师虽然不能直接设计人的行为，但完全有可能通过设计对人的行为加以影响和引导（图 1–7）。

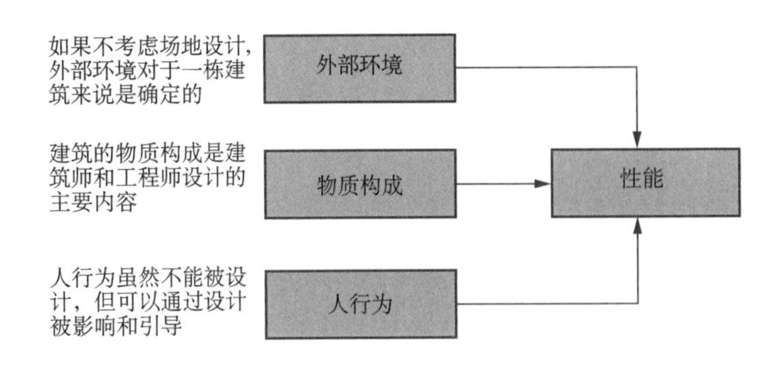

图1-7　建筑的外部环境、物质构成、人的行为、性能之间的关系及各要素的可设计性

建筑师虽然不能直接设计建筑性能，但可以通过设计建筑的物质构成来间接地控制、影响、调节建筑性能。在真实的建筑设计项目中，有大量的设计决策都是为了实现特定的建筑性能要求而做出的，这样的例子几乎随处可见。例如，选择特定的保温材料并设计外墙外保温构造，主要是为了确保建筑室内的热环境性能并有效降低能耗。在夏热冬冷地区的一块场地上设计住宅，将主要功能房间排布在南向，主要是为了确保能接受到足够的日照。尽管从本质上说，不能直接"设计"建筑的性能，但由于使用"建筑性能设计"这样的说法在绝大多数场合并不会造成误解或歧义，且较为方便，因此在本书中仍将继续使用这一说法。

1.4.2　建筑性能设计的基本原则

建筑性能设计是指建筑师、工程师和其他设计人员根据建筑性能的科学原理，采用合理的技术手段，以达到定性或定量的性能要求为目标，包括生成、分析、评价、调整等步骤在内的综合性设计行为。建筑性能设计是建筑设计的核心组成内容，对于确保建筑的最终品质具有重要的意义。根据这一基本概念，建筑性能设计应遵循以下基本原则。

1）科学性原则

建筑性能是建筑的客观属性，可被科学地度量和计算。不论是能耗，还是采光、自然通风或其他性能，都对应着具体明确的物理模型，这些物理模型可用数学的方式进行描述，在给定的条件和一定的精度要求下，还可被求解。因此，对处于具体气候和外部环境条件下的某栋建筑而言，它的性能是完全确定的，即使考虑到建筑使用者行为的随机性和不确定性，建筑的性能也是在很大程度上可被确定的。所以，在进行建筑性能设计时，首先必须遵循的就是科学性原则。应确保对于被设计性能的计算、分析、评价符合科学原理，不可似是而非，更不可因概念的模糊而导致错误的判断，并作出不合理的设计决策。

2）多目标原则

对于一个真实的建筑设计项目而言，建筑性能设计几乎不可能是单目标的，即仅考虑一种性能指标的要求，而几乎总是多目标的，即需同时考虑多种性能指标的要求，还需综合协调性能以外的其他设计要求。仅满足单一性能指标的要求并不困难，但要同时满足多个性能指标的要求就不那么简单了。建筑的很多性能要求之间并不完全一致，有时还会存在直接的矛盾冲突，典型的例子之一就是提高天然采光和降低能耗之间的矛盾。为了提高建筑室内的天然采光性能，有效的设计手段之一是提高建筑围护结构中透明部分的比例，但由于透明围护结构的热工物理性能明显低于不透明围护结构，所以提高其比例会导致建筑能耗上升。类似这样不同性能要求之间的矛盾在设计中需要建筑师或其他设计人员进行权衡判断，做出合理的决策。多目标原则使得建筑性能设计充满了挑战，同时也带来了趣味。

3）创造性原则

虽然建筑性能是客观的和可度量的，其规律遵循特定的科学原理，但这并不表示建筑性能设计必然是机械的和僵化的。建筑性能设计和其他设计一样，都要体现创造性原则。在建筑性能设计过程中，建筑师一般通过设计建筑与性能相关的某一项或多项物质构成来实现特定的性能要求。例如，设计合适的开窗方式和透明围护结构来确保建筑室内的天然采光性能，设计较小的体形系数来确保较低的冷热负荷及能耗水平。因此，建筑师在设计这些决定性能的建筑物质构成时有充分的创造性发挥空间。从这个角度可以认为，建筑性能不是被计算出来的，而是被设计出来的。

参考文献

[1] GIBSON M, TROWER S, TREGIDGA G. Mysticism, myth and Celtic identity. Abingdon: Routledge, 2013.

[2] PREISER W. The habitability framework: a conceptual approach toward linking human behavior and physical environment. Design studies, 1983, 4（2）：84–91.

[3] MASLOW A. A theory of motivation. Psychological review, 1948, 50: 370–398.

[4] VITRUVIUS. The ten books on architecture. MORGAN H, trans. New York: Dover Publication, 1960.

[5] Merriam-Webster's collegiate dictionary. 10th ed. Springfield: Merriam-Webster Incorporated, 1997.

[6] LEFEBVRE. The production of space. NICHOLSON-SMITH D, trans. Malden: Blackwell Publishing, 1992.

[7] LBNL. Radiance. California USA, 2019. [2021-09-15]. https://windows.lbl.gov/software/radiance.

[8] BRE. Post-occupancy evaluation. London UK, 2021. [2021-09-15].https://www.bregroup.com/services/advisory/builldings-in-use/post-occupancy-evaluation/

[9] ZIMRING C, REIZENSTEIN J. Post-occupancy evaluation: an overview. Environmental behavior, 1980, 12（4）: 429–450.

[10] PRESIER W. Post-occupancy evaluation: how to make buildings work better. Facilities, 1995, 13（11）: 19–28.

[11] GÖÇER Ö, HUA Y, GÖÇER K. Completing the missing link in building design process: enhancing post-occupancy evaluation method for effective feedback for building performance. Building and environment, 2015, 89: 14–27.

[12] DQI. Design quality indicator. London UK, 2021. [2021-09-18]. http://www.dqi.org.uk.

[13] ABS. Overall liking score （OLS）. London UK, 2021. [2021-09-18]. https://usablebuildings.co.uk/fp/OutputFiles/FR10MainText.html.

[14] LEAMAN A, BORDASS B. London UK, 2021. [2021-09-18]. http://www.usablebuildings.co.uk.

[15] BORDASS B, LEAMAN A. Making feedback and post-occupancy evaluation routine 2: soft landings involving design and building teams in improving performance. Building research and information, 2005, 33（4）: 353-360.

[16] CIBSE. TM22: Energy assessment and reporting methodology-office assessment method. London: CIBSE, 1999.

[17] BAIRD G. Post-occupancy evaluation and probe: a New Zealand perspective. Building research and information, 2001, 29（6）: 469-472.

[18] ZAGREUS L, HUIZENGA C, ARENS E, LEHRE D. Listening to the occupants: a web-based indoor environmental quality survey. Indoor air, 2004, 14: 65-74.

[19] GSA Public Building Service. Green building performance: a post occupancy evaluation of 22 GSA buildings. US: Public Buildings Service, 2011.

[20] FANGER P. Calculation of thermal comfort: introduction of a basic comfort equation. ASHRAE, trans. 1967, 73: Ⅲ.4.1- Ⅲ.4.20.

[21] IBPSA. International building performance simulation association. 2021. [2021-09-18]. http://www.ibpsa.org/.

[22] IBPSA. Journal of building performance simulation. London UK, 2021. [2021-09-18]. https://www.tandfonline.com/toc/tbps20/current.

[23] 傅里叶．热的解析理论．桂志亮，译．北京：北京大学出版社，2008.

[24] BANKS J, CARSON J, NELSON B, NICOL D. Discrete-event system simulation. New York: Prentice Hall, 2001.

[25] CLARKE J. Energy simulation in building design. 2nd ed. Oxford: Butterworth-Heinemann, 2001.

[26] FRAUNHOFER. What's WUFI? Holzkirchen Germany, 2018. [2021-10-02]. https://wufi.de/en/.

[27] NREL. What's open studio? Colorado, USA, 2021. [2021-10-02]. https://www.openstudio.net/.

[28] IESVE. Integrated software for whole-building performance simulation. Glasgow UK, 2021. [2021-10-02]. http://www.iesve.com.

[29] DESIGNBUILDER. What's design builder? Gloucs UK, 2021. [2021-10-2]. https://designbuilder.co.uk/software/product-overview.

[30] 中华人民共和国住房和城乡建设部，中华人民共和国国家质量监督检验检疫总局．民用建筑供暖通风与空气调节设计规范我国关于新风量的规定（GB50736—2012）．北京：中国建筑工业出版社，2013.

[31] AMERICAN STANDARD INSTITUTE, American society of heating, refrigerating & air-conditioning engineers. Ventilation for acceptable indoor air quality. ANSI/ASHRAE Standard 62.1-2019. 2019.

[32] SHAN H, YAN D, AZAR E, et al. A systematic review of occupant behavior in building energy policy. Building and environment, 2020, 175: 106807.

[33] DONG B, LIU Y, FONTENTOT H, et al. Occupant behavior modeling methods for resilient building design, operation and policy at urban scale: a review. Applied energy, 2021, 93: 116856.

[34] WANG C, WU Y, SHI X, et al. Dynamic occupant density models of commercial buildings for urban energy simulation. Building and environment, 2020, 169: 106549.

[35] ISO 15469:2004 （E）/CIE S 011/E: 2003. International Commission on Illumination, CIE Standard overcast and clear sky. Vienna, 2003.

[36] JACKICA N. State-of-the-art review of solar design tools and methods for assessing daylighting and solar potential for building-integrated photovoltaic. Renewable and sustainable energy reviews, 2008, 81: 1296-1328.

[37] WINDOWS AND DAYLIGHTING. Radiance. Berkeley USA, 2021. [2021-10-2]. https://windows.lbl.gov/software/radiance.

第 2 章　建筑性能优化的基础理论

2.1　优化的基本概念

2.1.1　优化问题及其构成要素

“优化”的英文为 optimize，释义为“to make as perfect, effective, or functional as possible”，对应的中文含义为“使之尽可能完美或有效”。由于含义中带有“尽可能”的意思，因此优化问题有时也被称为“最优问题”。需要注意的是，在建筑学和很多其他工程技术领域的一些语境下，“优化”往往被宽泛地理解为“调整以使之更好”，这一含义同数学上优化的严格定义有一定的差别。本书中讨论的优化采用的是其严格的数学定义。

优化问题广泛存在于数学、自然科学、工程技术、社会科学等领域中。简单地说，优化是在一定的限定条件下，寻找某一问题的最佳解决方案，即在该问题可能的所有解决方案中寻找最优的一个或若干个。这是对优化问题较通俗的解释。如果想进行更加严密地定义并寻求解决优化问题的系统性方法，就需要对优化问题的具体构成要素进行分析。

一个优化问题的基本构成要素包括性能参数、设计参数、关系函数、约束条件和优化目标，这五大要素完整地定义了一个优化问题，缺一不可。对于一个被设计的系统而言，衡量其效果的指标被称为性能参数；影响性能参数的，且能被人为控制的变量称为设计参数；描述性能参数和设计参数之间关系的方程或模型被称为关系函数；设计参数需要满足的限制性条件是约束条件；希望性能参数达到的要求是优化目标。

现以一个简单数学例子说明优化问题中什么是性能参数、设计参数、关系函数、约束条件和优化目标。图 2–1 中的曲线描述的是一元

二次函数 $y = x^2$ 定义的抛物线图形。现限定 x 的取值范围在［-1，1］，问当 x 等于多少时，y 最小。

此问题的求解很简单，通过考察图形就可以知道，当 $x=0$ 时，y 最小，其值也为 0。如果从优化的视角考察这一问题，根据前述的优化问题的五大构成要素，y 是性能参数，x 是设计参数，$y=x^2$ 是关系函数，x 不能超出 -1 到 1 的变化范围是约束条件，使 y 最小是优化目标。因此，我们可以将该问题表述为一个优化问题：在 $-1 \leqslant x \leqslant 1$ 的约束条件下，优化 $y=x^2$，使得 y 最小。如果改变关系函数为 $y= x^2+1$，其余条件保持不变，则仍然当 $x=0$ 时，y 达到最小，但其值变为 1。如果关系函数保持不变，约束条件变为 $2 \leqslant x \leqslant 3$，则当 $x=2$ 时，y 达到最小，其值为 4。

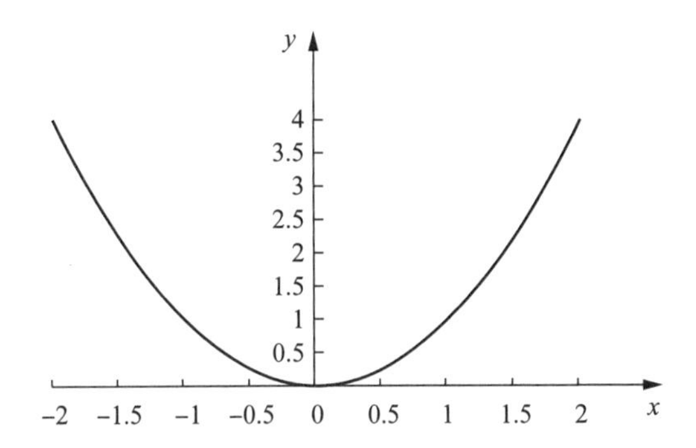

图 2-1　$y=x^2$ 的图形

2.1.2　优化问题的数学描述

建筑学和其他工程技术及自然科学领域遇到的优化问题远比图 2-1 展示的例子更加复杂多样。为了研究这些优化问题，找到求解方法，首先需要建立起对优化问题的数学描述，这就涉及优化问题的基础数学理论。优化问题的数学理论是一个复杂深入的方向，既涉及纯数学，又涉及运筹学、管理科学、计算机科学等学科方向，感兴趣的读者可参考本章参考文献 [1]、[2] 以获得更加系统深入的知识。因为大多数关于优化问题的著作在处理优化问题的数学描述时，都使用了集合、映射、向量、矩阵等数学概念、符号和运算法则，并不适合建筑学专业的特点。所以，本书采用了相对较为简单易懂（但会损失一定的严密性）的方式给出优化问题的数学描述。

优化问题中关系函数的一般性数学表达可用式（2.1）表示：

$$
\begin{aligned}
&y_1=f_1(x_{1,1},\ x_{2,1},\ \cdots,\ x_{n_1,1})\\
&y_2=f_2(x_{1,2},\ x_{2,2},\ \cdots,\ x_{n_2,2})\\
&\cdots\\
&y_m=f_m(x_{1,m},\ x_{2,m},\ \cdots,\ x_{n_m,m})
\end{aligned}
\qquad (2.1)
$$

式中，$y_1, y_2, ..., y_m$ 为 m 个目标参数；$x_{1,1}, x_{2,1}, ..., x_{n_1,1}$ 为与第 1 个性能参数 y_1 对应的 n_1 个设计参数，$x_{1,2}, x_{2,2}, \cdots, x_{n_2,2}$ 为与第 2 个性能参数 y_2 对应的 n_2 个设计参数以此类推，$x_{1,m}, x_{2,m}, \cdots, x_{n_m,m}$ 为与第 m 个性能参数 y_m 对应的 n_m 个设计参数；f_1, f_2，$\cdots, f_m$ 为 m 个函数关系。

显然，在式（2.1）中，如果 m=1，说明优化问题只有一个关系函数和性能参数，对该性能参数提出特定的设计目标，就形成了单目标优化问题。如果 $m > 1$，说明优化问题有两个或两个以上的目标参数，对这些目标参数提出特定的设计目标，就形成了多目标优化问题。需要注意的是，单目标优化问题仅指性能参数及其设计目标为单个，设计参数不一定是单个，仍然可能是多个。

对于建筑性能优化设计问题而言，式（2.1）中的目标参数 y_1，$y_2, \cdots, y_m$ 一般比较明确，通常是建筑的性能指标或其他可量化的设计要求，例如能耗、采光、通风、经济成本、碳排放量和室内舒适度水平等。这里，目标参数可量化是一重要要求，如果不可量化，就无法构建起性能优化设计问题的数学表达，也就无法采用优化的方法求解。例如，建筑师在设计某办公建筑时，希望优化其内部某一重要空间的天然采光性能。这时，就可用该空间里某一具有代表性的点位处的采光系数作为量化指标来衡量，即将性能参数设定为该点位的采光系数。如果建筑师更加关注该空间的整体采光效果，也可用整个空间的平均采光系数作为性能参数来构建优化问题。再例如，设计目标是实现建筑节能时，具体可用来作为性能参数的量化指标包括建筑全年的冷热负荷、建筑全年的真实能耗、围护结构的综合传热系数等。

式（2.1）中的 x 代表设计参数，建筑师在建筑设计过程中通过确定这些设计参数来实现预定的设计目标。就建筑性能优化设计问题而言，需要确定的设计参数的种类和数量繁多，较常见的包括：描述建筑形体空间的几何参数，例如空间的长、宽、高，以及更加复杂的描述空间组合关系的参数；描述建筑物质构成的材料参数，例如材料的抗压强度、导热系数、弹性模量等；描述建筑运行状态的状态参数，例如室内冬夏季的温度控制点、照明的开关时间等。

在式（2.1）中，联系性能参数和设计参数的关系函数用 f 代表。在前述 $y=x^2$ 代表的抛物线数学优化问题中，这一函数关系非常简单。但对于实际的建筑性能优化设计问题来说，关系函数 f 往往非常复杂，甚至无法用一个明确的方程表达，必须使用复杂的模型。以降低建筑的冷热负荷实现节能为例，性能参数是冷负荷或热负荷，清晰明确。影响建筑冷负荷或热负荷的设计参数虽然众多，但也较为明确，可分为几何参数、材料参数、状态参数三大类，在每一类下又可细分出多个具体的参数。虽然性能参数和设计参数都很明确具体，但由于建筑与室外环境之间热交换和热平衡的物理过程十分复杂，描述建筑冷热负荷与这些设计参数之间的关系函数 f 也就变得非常复杂。即使是经过大量简化的建筑冷热负荷计算的理论模型，也很难用一个或少数几个方程完整清晰地描述。因此，当前的建筑冷热负荷计算一般依靠专业软件进行，而这些专业软件背后对应的则是非常复杂的理论模型。

再以建筑采光为例，虽然建筑采光问题几乎是一个纯几何问题，但也涉及全云天、采光洞口、采光均匀性等很多细节。采光模型虽然相较建筑冷热负荷模型来说简单很多，但也不是用一个或几个清晰明确的方程就可以描述的。从这一角度来说，式（2.1）中的关系函数 f 应该被理解为一种对应关系。有时候，这种对应关系可以用一个或几个清晰明确的数学方程描述。但更多的时候，对于真实的建筑性能优化设计问题来说，我们很难做到这一点，只能依靠复杂的模型来定义关系函数 f。

约束条件指设计参数的允许变化范围，或设计参数必须满足的要求。在前述 $y=x^2$ 代表的抛物线数学优化问题中，$-1 \leqslant x \leqslant 1$ 和 $2 \leqslant x \leqslant 3$ 就是约束条件。在式（2.1）中，x 为设计参数，约束条件的一般性数学定义使用集合的概念来表达较为简洁清晰，写为：

$$x_{i,j} \in M \tag{2.2}$$

这里，M 代表由所有允许的设计参数 $x_{i,j}$ 的取值构成的集合。

在建筑性能优化设计问题中，很多约束条件以某一设计参数不能超出特定的范围的形式出现。例如，一片墙上的开窗面积（或该片墙的窗墙比）为当前需要考虑的设计参数，记为 A。A 的值显然必须大于 0，但又不可能大于整片墙的面积，记为 A_0，即：

$$0 \leqslant A \leqslant A_0 \tag{2.3}$$

如式（2.3）表示的这种约束条件是比较简明直观的。有些时候，约束条件可能涉及多个设计参数，且不是简单地落在某两个值之间。例如，在确保某建筑空间的平面面积（记为 S）不变的前提下，建筑师需要确定合适的面宽（记为 W）和进深（记为 D），以使得该空间里的采光均匀性满足设计标准规定的要求。这时，约束条件就可写为：

$$W \cdot D = S \tag{2.4}$$

更有复杂的情况，约束条件难以用一个简单的方程表达。例如，建筑师需要合理地设计某建筑的窗墙比和窗的位置及形式，以优化室内天然采光效果。与此同时，还需要确保建筑的能耗不超过某一特点的水平。在这一性能优化设计问题中，“能耗不超过某一特定的水平”就是约束条件，但它显然无法用类似式（2.3）或式（2.4）那样简单明确的方式表达。

2.1.3 优化问题的实例

图 2-1 中展示的 $y=x^2$ 抛物线数学优化问题非常简单，仅适合于用来解释优化问题的基本概念。下面再举几个具有实际意义的例子，来进一步说明什么是优化问题。

2.1.3.1 圆柱形容器制作材料优化问题

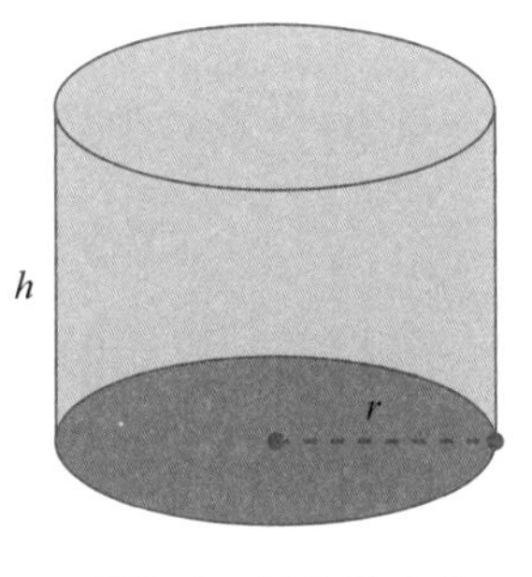

图2-2 圆柱形无盖开口容器，圆形截面半径为r，高为h

例 1：圆柱形容器制作材料优化问题。如图 2-2 所示，一个圆柱形的无盖开口容器由薄铁皮制作而成，容器的圆形截面的半径为 r，高为 h，容积为 5 L。问应该如何设计 r 值，使得制作该容器所需的薄铁皮材料最省（不考虑制作中的材料损耗）。

如果用 2.1 节中介绍的基本概念去分析该问题就会发现，这一优化问题的性能参数是“制作容器所需要的薄铁皮材料的面积”；设计参数是“容器圆形截面的半径 r”；优化目标是“使得制作该容器所需的薄铁皮材料最省”,或“使得制作该容器所需的薄铁皮的面积最小”;关系函数是描述容器圆形截面半径 r 和所需薄铁皮面积之间关系的函数；约束条件是“容积为 5 L”。

求解该优化问题的第一步是先建立关系函数。根据圆柱形容器容积的计算公式可得：

$$\pi r^2 h = 5\ \mathrm{L} = 5\,000\ \mathrm{cm}^3 \tag{2.5}$$

即：

$$h = \frac{5\,000}{\pi r^2} \tag{2.6}$$

因此，制作该容器所需薄铁皮的面积 A 可表示为容器壁的面积和容器底的面积之和：

$$A = 2\pi r h + \pi r^2 \tag{2.7}$$

将式（2.6）代入式（2.7），消去 h 可得：

$$A = \frac{10\,000}{r} + \pi r^2 \tag{2.8}$$

根据微积分中函数极值的定理可知，当 A 对 r 的一阶导数为零时，A 达到最小值，因此：

$$\frac{\mathrm{d}A}{\mathrm{d}r} = 2\pi r - \frac{10\,000}{r^2} = 0 \tag{2.9}$$

显然 r 不能为零，将式（2.9）两边同时乘以 r^2 即可解得：

$$r=\sqrt[3]{\frac{5\,000}{\pi}} \approx 11.68\ \mathrm{cm} \tag{2.10}$$

将 r 值代入式（2.8）可计算得出：

$$A = 1\,284.53\ \text{cm}^2 \quad (2.11)$$

所以，当容器圆形截面的半径 r=11.68 cm 时，制作容器所需薄铁皮材料最省，其面积为 1 284.53 cm^2。

2.1.3.2 建筑外墙保温层厚度优化问题

例 2：建筑外墙保温层厚度优化问题。如图 2–3 所示，要为一片建筑的外墙设计保温材料。问当保温材料为多厚时，从经济性上来说设计方案达到最佳效果。

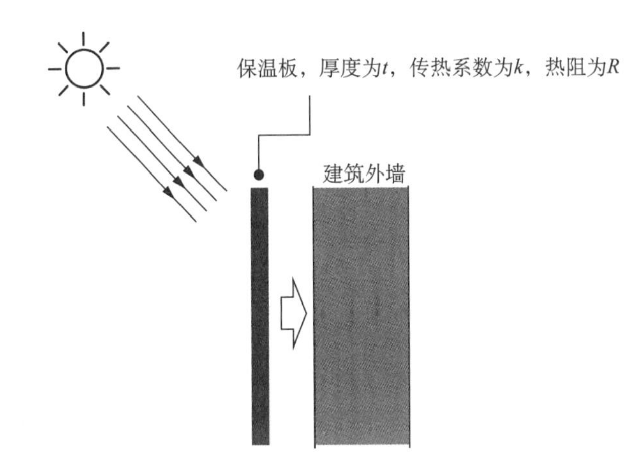

图2–3 建筑外墙上的保温材料

这个优化问题初看不像 2.1.3.1 节中的圆柱形容器制作材料优化问题那样清晰，需要进行一些必要的讨论才能从优化的角度展开分析并找到解决办法。首先，为这片建筑的墙体设计保温材料，涉及到保温材料的种类、厚度、构造做法等设计内容。为了简化起见，我们假定保温材料选择的是模塑聚苯乙烯（expanded polystyrene board，EPS）板，其厚度为 t，导热系数为 k，热阻为 R（根据建筑热工物理基础知识可知，热阻 R 等于 $\frac{t}{k}$），构造做法为典型的薄抹灰外墙外保温系统。进一步，不考虑外墙外保温系统除保温板以外的构造层（例如水泥砂浆、抗裂网格布等）的成本和产生的保温效果（这些构造层产生的保温效果与 EPS 板比，可以忽略不计），也不考虑人工成本。经过这些简化处理，问题就变为设计 EPS 板的厚度 t，使得设计方案的经济性最佳。

该设计方案的经济性可用它对应的总成本 C 来衡量。C 显然包括 EPS 板的材料成本 C_1，与保温板的厚度 t 有直接的正相关关系，即 C_1 随着 t 的增加而变大。另一方面，EPS 板的厚度还与该建筑的节能水平有直接关系，t 增加，保温水平提升，建筑用于采暖和空调的能耗下降。也就是说，EPS 板的厚度 t 和建筑能耗成本 C_2 之间为负相关关系，即伴随着 t 的增加，C_2 减少。

经过以上的讨论，现在我们可以采用优化的理论来分析该问题了。根据优化问题的五大构成要素，容易得出在该问题中，性能参数是总成本 C，设计参数是 EPS 板的厚度 t，优化目标是使得总成本 C 最小。这三个构成要素清晰明确，但是另外两个构成要素，约束条件和关系函数，就没有那么清楚了。

约束条件是设计参数允许的变化范围或需要满足的限制性要求。对于本例中的设计参数 t 而言，因为它代表 EPS 板的厚度，所以显然必须大于或等于零（等于零代表墙体没有任何保温构造）。同时，EPS 板的厚度还受到生产工艺、市场上可购买的尺寸规格等条件的制约，不可能是一个没有上限的数值。因此，如果假定 t 的上限为 t_{max}，就可以写出下面的约束条件：

$$0 \leqslant t \leqslant t_{max} \tag{2.12}$$

对于关系函数来说，需要建立起设计参数 t 和性能参数 C 之间的方程。但是，对于本问题而言，想写出一个类似式（2.8）那样清晰明确的关系函数并不容易。因此，我们换一个思路，通过绘制图形的方法来解决这个优化问题。

如前所述，EPS 板的材料成本 C_1 与保温板的厚度 t 之间为正相关关系，如图 2–4 中的曲线 1 所示；建筑能耗成本 C_2 与 EPS 板的厚度 t 之间为负相关关系，如图 2–4 中的曲线 2 所示；总成本 C 为材料成本 C_1 和建筑能耗成本 C_2 的和，如图 2–4 中的曲线 3 所示。考察曲线 3 可以发现，总成本 C 先随 EPS 板的厚度 t 的增大而降低，但这一趋势没并没有始终持续，而是在 $t = t_{opt}$ 时出现了拐点。在这以后，如果继续增加 EPS 板的厚度，总成本 C 反而会上升。因此，拐点处对应的 EPS 板厚度 t_{opt} 就是这一优化问题的解，选择这一厚度的保温板可以使得建筑的经济性达到最佳。当然，t_{opt} 还需要满足式（2.12）定义的约束条件，即 $t_{opt} \leqslant t_{max}$。

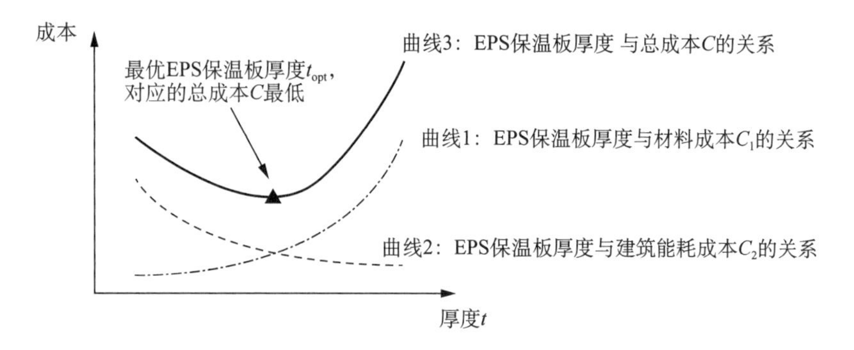

图2–4　EPS板厚度t与保温板材料成本C_1、建筑能耗成本C_2、总成本C之间的关系

2.1.3.3　线性规划问题

线性规划问题是另一个优化领域的经典问题，同时也是最早被关注并获得系统深入研究的优化问题。线性规划问题的研究起源于 20 世纪 30 年代经济学家对如何最优配置资源的探索。在第二次世界大战中，为美国空军服务的乔治·丹齐克（George Dantzig）于 1947 年首次系统地描述了一般性线性规划问题，并给出了简便求解方法。[1]

一般的线性规划问题可表示为如下标准形式：

$$y=f(x_1, x_2, \cdots, x_n)=c_1x_1+c_2x_2+\cdots+c_nx_n \tag{2.13}$$

式中，x_1，x_2，…，x_n 为 n 个设计参数；y 为性能参数；f 为关系函数。设计参数满足如下约束条件：

$$a_{11}x_1+a_{12}x_2+\cdots+a_{1n}x_n=b_1$$
$$a_{21}x_1+a_{22}x_2+\cdots+a_{2n}x_n=b_2$$
$$\cdots$$
$$a_{m1}x_1+a_{m2}x_2+\cdots+a_{mn}x_n=b_m \tag{2.14}$$
$$x_1, x_2, \cdots, x_n \geqslant 0 \tag{2.15}$$

在式（2.13）和式（2.14）中，c_j，b_j 和 a_{ij}（i，$j=1$，2，…，n）为常数。

线性规划问题的标准形式，即公式（2.13）、公式（2.14）和公式（2.15）具有三个特点：（1）优化目标为使得性能参数 y 最小；（2）所有的约束条件均为等式关系；（3）所有的设计参数均为非负值。

现在的研究已经表明，任何线性规划问题都可通过以下三种处理转化成标准形式：

1）如果优化目标是使得性能参数 $y=f(x_1, x_2, \cdots, x_n)$ 最大，可将其等效为：

$$y^*=-y=-f(x_1, x_2, \cdots, x_n)=-c_1x_1-c_2x_2-\cdots-c_nx_n \tag{2.16}$$

使得 y^* 为最小。

2）在大多数建筑学和其他工程技术领域的优化问题中，设计参数 x_1，x_2，…，x_n 为正数。如果出现某设计参数 x_j 可能为负数的情况，可对其进行如下的等效处理：

$$x_j=x_j^*-x_j^{**} \tag{2.17}$$

在式（2.17）中，x_j^* 和 x_j^{**} 均大于或等于零。这样，根据 x_j^* 和 x_j^{**} 的大小关系，x_j 就可以为负数、零或正数。

3）如果某一约束关系不是等式形式，而是如下的形式：

$$a_{k1}x_1+a_{k2}x_2+\cdots+a_{kn}x_n \leqslant b_k \tag{2.18}$$

则可通过增加一个非负的设计参数 x_{n+1} 将其写作

$$a_{k1}x_1+a_{k2}x_2+\cdots+a_{kn}x_n+x_{n+1}=b_k \quad (2.19)$$

式（2.19）中的 x_{n+1} 被称为松弛变量。

显然，如果约束关系是“大于或等于”，即：

$$a_{k1}x_1+a_{k2}x_2+\cdots+a_{kn}x_n \geqslant b_k \quad (2.20)$$

我们仍然可以通过如下处理，将其等效为等式形式的约束条件：

$$a_{k1}x_1+a_{k2}x_2+\cdots+a_{kn}x_n-x_{n+1}=b_k \quad (2.21)$$

式中，x_{n+1} 被称为剩余变量。

线性优化问题的标准形式包含由 m 个线性方程构成的约束条件[式（2.14）]和 n 个设计参数（x_1，x_2，…，x_n）。如果 $m=n$，该优化问题没有意义，因为或者设计参数 x_j（$j=1$，2，3，…，n）有唯一确定解，或者没有解（由于 m 个约束条件彼此之间存在自相矛盾的情况）。如果 $m>n$，则说明存在 $m-n$ 个冗余约束条件，可以化简掉。所以，真正有意义的线性规划问题研究的是 $m<n$ 的情况。

当线性规划问题只包含两个设计参数 x_1 和 x_2 时，就成为一个简单但很有研究价值的情况，因为可以通过简洁直观的几何方法获得最优解，有助于我们加深对于线性规划问题以及一般性优化问题的理解。

例 3：只包含两个设计参数的线性规划问题。某产品的生产流程涉及 3 种加工机床和 2 种零部件，表 2–1 给出了加工机床加工零部件需要的时间、每加工一个零部件带来的利润、每周加工机床可以运行的时间。为了使利润最大化，每周应该加工零部件 A 和零部件 B 各多少件？

表 2–1　加工机床、零部件和利润信息

加工机床	加工所需时间（分钟）		每周加工机床能运行的时间（分钟）
	零部件 A	零部件 B	
Ⅰ	20	10	3 000
Ⅱ	5	10	2 000
Ⅲ	2	5	500
加工单个零部件产生的利润（元）	100	200	

为了求解这个线性规划问题，用 x_1 和 x_2 代表每周加工的零部件 A 和零部件 B 的数量，用 P 代表在一周的时间里获得的总利润。显然，这是一个只包含 x_1 和 x_2 两个设计参数的线性规划问题，P 是性能参数。根据题中的条件和表 2–1 可以得到：

$$\begin{cases} 20x_1+10x_2 \leqslant 3\,000 \\ 5x_1+10x_2 \leqslant 2\,000 \\ 2x_1+5x_2 \leqslant 500 \end{cases} \quad (2.22)$$

式(2.22)中的三个方程是约束条件。而且，x_1 和 x_2 均大于或等于零。

一周时间里获得的总利润为：

$$P=100x_1+200x_2 \tag{2.23}$$

为了使一周时间里获得的总利润最大，需要找到合适的 x_1 和 x_2，使得 P 最大，而且 x_1 和 x_2 需要满足式（2.22）规定的约束条件。下面，我们用直观的几何作图法来求解这个线性规划问题。

根据式（2.22），可以在直角坐标系里画出设计参数 x_1 和 x_2 的允许取值范围，如图 2–5 所示。图中直线①、②、③分别对应式（2.22）中的三个约束条件。因为约束条件的表达形式是小于等于，所以设计参数 x_1 和 x_2 的允许取值范围应位于这三条直线的左下方。又因为 x_1 和 x_2 均为非负，所以它们的最终允许取值范围是图中的阴影区域。

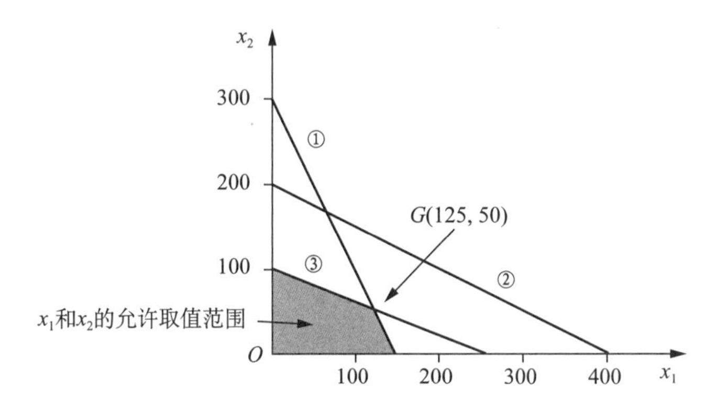

图2–5　三个约束条件 x_1和x_2的允许取值范围

确定了设计参数 x_1 和 x_2 的允许取值范围后，便可以研究总利润 P 的最大值。根据式（2.23），当 x_1 和 x_2 取不同值时，P 值将发生变化，对应的图形是一族互相平行的直线，如图 2–6 所示。通过简单的计算可知，当直线经过 G（125，50）点时，P 达到最大，为 22 500 元。读者可以自行验算在允许取值范围（图中的阴影区域）内的任何 x_1 和 x_2，都不可能使得 P 超过 22 500 元。例如，当直线经过（150，0）点时，

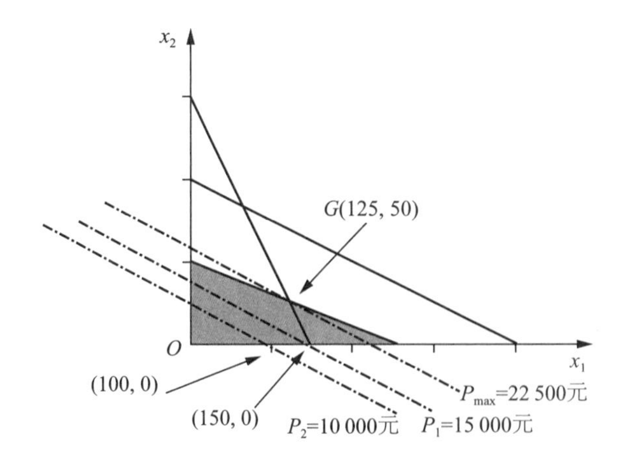

图2–6　用几何作图法求解总利润P的最大值

P 值为 15 000 元；当直线经过（100，0）点时，P 值为 10 000 元，均小于22 500元。至此，我们就通过几何作图法解决了这个线性规划问题。最终的答案是，每周应该加工 125 个零部件 A 和 50 个零部件 B，这样可以使得该周的总利润最大化，为 22 500 元。

2.2 优化的基础理论

优化的基础理论涉及较深入的数学知识，感兴趣的读者可以参考本章参考文献［1］、［2］。本节仅从优化问题的分类和求解方法两个方面介绍优化的基础理论。

2.2.1 优化问题的分类

在建筑学、工程技术和其他学科领域里经常会遇到优化问题，它们的表达形式各不相同，复杂程度差异很大，求解方法多种多样。为了研究这些优化设计问题，更好地理解它们的属性和特点，特别是寻找有效的求解方法，对它们进行合理的分类很有必要。属于同一类别的优化设计问题通常具有类似的特点，也就可以用类似的方法进行求解。对于优化设计问题，可从多个角度进行分类，比较常见的分类方法包括以下几种。

2.2.1.1 根据优化目标的数量分类

根据优化目标的数量是一个还是多个，优化问题可分为单目标优化问题和多目标优化问题，这是最常见，也是最有用的一种优化问题的分类方式。一般说来，单目标优化问题较为简单，多目标优化问题较为复杂。但这也不是绝对的，优化问题的复杂性还与目标参数、设计参数、关系函数、约束条件等有关系。一个优化问题，如果设计参数很多，设计参数与目标参数之间的关系函数很复杂，即使只有一个优化目标，求解也可能很复杂。

在建筑学和其他工程技术领域，单目标优化设计问题和多目标中的双目标优化设计问题最为常见。有三个及三个以上优化目标的优化设计问题出现的频率相对少很多。这一方面取决于设计问题自身的属性和特点，另一方面也有刻意人为的原因，因为求解有三个及三个以上优化目标的优化设计问题往往非常困难，所以我们倾向于构造单目标或双目标优化问题进行解决，并推进设计。

另一点值得注意的是，在设计与工程实践中遇到的有些多目标优化设计问题，特别是双目标优化设计问题，有可能被等价转化为单目标优化设计问题求解。在多数情况，进行这样的等价转化有利于更好、更高效地解决优化设计问题。

2.2.1.2 根据是否有约束条件分类

根据是否有约束条件，优化设计问题可分为有约束优化设计问题和无约束优化设计问题。一般说来，完全的无约束优化设计问题只存在于简化的理想情况下，真实世界里遇到的优化设计问题绝大多数都是有约束优化设计问题。有约束优化设计问题中约束条件的来源可分为两类，一类是源自客观世界或物理规律对设计参数的约束，另一类是从具体的设计问题出发人为提出的关于设计参数的约束条件。例如，对建筑的支撑结构进行优化设计时，为了节约材料，希望支撑结构（柱、梁等）的截面尽可能小。但是，作为一个设计参数，支撑结构的截面面积显然不能无限制小，必须满足大于某一最小值的约束条件，否则就无法提供足够的承载力，建筑就有倒塌的风险。这里的约束条件就来源于建筑结构必须遵守的客观力学规律。又例如，为了优化某建筑的能耗，建筑师希望适当降低外窗的大小。同时，他也意识到外窗的尺寸作为一个设计参数不宜太小，应该大于某一个合理的值，以便为室内提供充足的天然采光和与室外的景观视线联系，同时满足建筑使用者必要的心理需求。这里，对外窗面积最小值的限定就是一个建筑师人为提出约束条件，这个约束条件并不来源于某条不可违背的客观物理规律，而是来源于建筑采光设计和其他方面的具体要求。

2.2.1.3 根据关系函数的性质分类

优化设计问题还可根据关系函数的性质进行分类，且这一分类方式往往与优化问题的求解方法有密切联系。最典型的按照关系函数性质做出的分类是把优化设计问题分为线性优化设计问题和非线性优化设计问题。如果联系性能参数和设计参数的关系函数是线性函数，则该优化设计问题是线性的，反之就是非线性的。一般说来，求解非线性优化设计问题的难度要显著高于线性优化设计问题。需要注意的是，线性优化设计问题的定义较为清楚，但非线性优化设计问题却比较复杂，实际上是一大类优化设计问题的总称，它们的关系函数不尽相同甚至可以差异很大，共有的特点就是均为非线性的。因此，线性优化设计问题的求解方法较为成熟和统一，而非线性优化设计问题的求解方法多种多样，有些甚至非常困难，是目前仍在研究的前沿领域。

2.2.1.4 根据设计参数离散或连续的属性分类

优化设计问题中的设计参数种类繁多、属性各不相同，但只要是可被量化的设计参数都可分为两大类，即离散的和连续的。根据设计参数是离散的还是连续的，优化设计问题可分为离散优化设计问题和连续优化设计问题。所谓离散的设计参数，指的是设计参数的允许取值不是连续的实数，而只能是间断的、不连续的若干数值。这种情况在建筑性能优化设计领域很常见。例如，建筑的层数作为一个设计参数就不可能是连续的任意值，而只能是 1（代表地上一层），2，3 等正整数或 –1（代表地下一层），–2，–3 等负整数。在少数情况下建筑的层数也会出现 2.5（地上两层半）这样的小数，但绝不会是连续变化的任意实数。

建筑性能优化设计问题中另一个使得设计参数是离散的而不是连续的原因来自建筑模数的协调控制要求。根据《建筑模数协调标准》（GB/T 50002）[2]，模数指选定的尺寸单位，作为建筑尺度协调中的增值单位。在我国，建筑的基本模数被规定为 100 mm，建筑的开间或柱距，进深或跨度，梁、板、隔墙和门窗洞口宽度等设计参数均宜为基本模数的正整倍数（1 倍、2 倍、3 倍等）。由此可知，建筑中的大量设计参数，不管是与空间相关的还是与构件相关的，都是离散的参数。

理论上连续的设计参数在建筑性能优化设计问题中也较为常见。例如，进行建筑室内温度控制点的设计，以兼顾良好热舒适度和节能的双重要求，这是一个典型的建筑性能优化设计问题。在这个问题中，室内温度控制点就是一个理论上连续的设计参数，因为它可以在一个合理的范围内取任意实数，例如夏季可在 24～27 ℃任意变化，冬季可在 20～23 ℃任意变化。需要注意的是，对于这种理论上连续的设计参数，在求解完优化设计问题并获得该设计参数的最优值后，我们往往会根据实际情况、工程实践习惯或其他考虑进行取整处理。仍以前述的室内温度控制点优化设计问题为例，假设求得的最优解是在 26.435 ℃时达到了热舒适度和节能的综合最优，我们一般会取 26.4 ℃为最终确定的室内温度控制点。

2.2.2 优化问题的求解方法

自 20 世纪 40 年代以来，对于优化问题求解方法的研究引起了数学家和许多自然科学及工程技术领域学者及专业人士的兴趣，有众多的研究聚焦于优化问题的求解方法、优化问题的特性、相关软件工具开发等，极大推动了对于优化问题的理解和认识，也显著促进了优化方法和技术渗透进多个自然科学和工程技术领域,并发挥重要的作用。优化问题的这些求解方法的效果差异很大，取决于多种因素，包括优化目标的形式、约束条件的强弱和数量、设计参数的数量等。还有一些更为深入复杂的因素影响求解方法的效果,例如优化问题的稀疏性。即使当优化目标和约束条件相对简单，关系函数能够用直观的方程描述时，求解优化问题往往也非易事，这也是为什么优化问题的求解方法至今仍然是一个非常活跃的研究领域，不断有新的研究成果涌现的原因。

优化问题的求解方法非常丰富，高度依赖具体的优化问题。如果从方法产生的时间和发展成熟度来说，大体可分为两个宽泛的类别，即经典方法和现代方法（有时也被称为非传统方法）。经典方法的代表之一就是 2.1.3 节里讨论的线性规划方法。近些年来在建筑性能优化设计上广泛采用的遗传算法则属于现代方法。

2.2.2.1 求解优化问题的解析方法

在优化问题的求解方法中，通过计算性能函数的导数来确定性能参数的最大值或最小值以及对应的设计参数的取值的方法称为解析方法。解析方法利用微积分理论和技术，能够精确获得最优解，而且求解速度很快。尽管具有这些明显的优势，但解析方法的适用面比较狭窄，建筑学和其他工程技术或自然科学领域遇到的很多优化问题，都无法直接利用解析方法求解。这主要是因为解析方法对性能函数的数学性质有特定的、较高的要求。本书以只包含一个设计参数的性能函数为例，介绍如何利用解析方法求解优化问题。

考察只有一个设计参数的性能函数 $f(x)$，如果在 $x=x_0$ 附近，满足 $f(x_0) \leqslant f(x_0+\delta)$，其中 δ 代表一个微小的正值或负值，则称性能函数 $f(x)$ 在点 x_0 处有局部最小值；反之，如果满足 $f(x_0) \geqslant f(x_0+\delta)$，则称性能函数 $f(x)$ 在点 x_0 处有局部最大值。如果对于 x 的所有取值而言，$f(x_0) \leqslant f(x)$ 都成立，则称性能函数 $f(x)$ 在点 x_0 处有全局最小值；反之，如果对于 x 的所有取值而言，$f(x_0) \geqslant f(x)$ 都成立，则称性能函数 $f(x)$ 在点 x_0 处有全局最大值。

根据上述定义，图 2-7 显示一个定义在 $[a, b]$ 区间上的性能函数 $f(x)$，x 是设计参数，M_1、M_2、M_3 是局部最大值点，其中 M_2 还是全局最大值点；N_1、N_2 是局部最小值点，其中 N_1 还是全局最小值点。

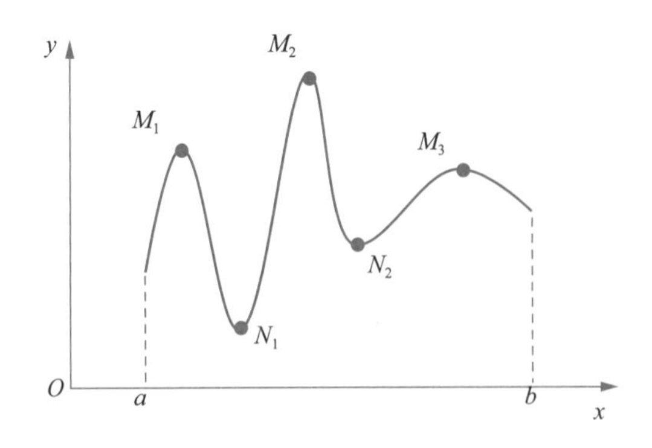

图2-7 定义在 $[a, b]$ 区间的性能函数 $f(x)$ 及其最大值和最小值

对于只包含一个设计参数的优化问题，下列两个定理给出了性能

函数有最小值或最大值的必要和充分条件。

必要条件：如果定义在 $[a, b]$ 区间的性能函数 $f(x)$ 在点 x_0 处（$a \leqslant x_0 \leqslant b$）有最小（或最大）值，而且 $f(x)$ 的一阶导数 $\mathrm{d}f(x)/\mathrm{d}x = f'(x)$ 在 x_0 点处存在且等于一个有限值，则 $f'(x_0) = 0$。

充分条件：如果 $f(x)$ 的一阶、二阶、直至 $n-1$ 阶导数均为零，即 $f'(x) = f''(x) = \cdots = f^{(n-1)}(x) = 0$，且 $f(x)$ 的 n 阶导数不为零，即 $f^{n}(x) \neq 0$，则 $f(x_0)$ 是：

（1）$f(x)$ 的一个最小值，当 $f^{n}(x_0) > 0$ 且 n 是偶数时；

（2）$f(x)$ 的一个最大值，当 $f^{n}(x_0) < 0$ 且 n 是偶数时；

（3）既不是最大值，也不是最小值，当 n 是奇数时。

例 4：用解析法求解只包含一个设计参数的优化问题。已知设计参数 x 为定义在 $[-\infty, +\infty]$ 上的实数，求下列性能函数的最小值和最大值。

$$f(x) = 4x^5 - 25x^4 + 40x^3 + 10 \tag{2.24}$$

解：性能函数 $f(x)$ 的一阶导数 $f'(x) = 20x^4 - 100x^3 + 120x^2 = 20x^2(x-2)(x-3)$。因此，当 $x = 0, 2, 3$ 时，$f'(x) = 0$。下面继续分析 $f(x)$ 的二阶导数。

$f(x)$ 的二阶导数 $f''(x) = 80x^3 - 300x^2 + 240x = 20x(4x^2 - 15x + 12)$。

当 $x = 2$ 时，$f''(x) = -80 < 0$，且 $n = 2$ 为偶数，所以 $f(x)$ 在 $x = 2$ 这一点有最大值。

当 $x = 3$ 时，$f''(x) = 180 > 0$，且 $n = 2$ 为偶数，所以 $f(x)$ 在 $x = 3$ 这一点有最小值。

当 $x = 0$ 时，$f''(x) = 0$，无法判断是否有最大或最小值，需要进一步计算三阶导数。

三阶导数 $f'''(x) = 240x^2 - 600x + 240$，所以当 $x = 0$ 时，$f'''(x) = 240 \neq 0$，且 $n = 3$ 为奇数，所以 $x = 0$ 既不是 $f(x)$ 的最大值点，也不是最小值点，而是一个拐点。

2.2.2.2 求解优化问题的现代方法

伴随着优化理论和方法研究的发展，以及它们在很多学科领域的应用，许多新的求解优化问题的现代方法不断涌现。这些求解优化问题的现代方法种类繁多，适用的优化问题也多种多样，很难对它们进行简单且统一的描述。尽管如此，我们仍然能够归纳总结出这些现代方法所具有的一些总体的特征，包括：

（1）大多数求解优化问题的现代方法都不像前述的解析方法一样，能够获得优化问题的精确最优解，它们获得的往往是与最优解接近的较优解。

（2）大多数求解优化问题的现代方法都只适用于一类或几类优化问题，不具有一般的通用性或普适性。

（3）很多求解优化问题的现代方法的表现很大程度上取决于方法中需要设定的一些参数，参数设定不当，可能造成方法失效，求解失败。

（4）很多求解优化问题的现代方法涉及大量计算，非人力能及，需要借助计算机的强大算力才能实现。

2.2.2.3 求解优化问题的技术工具

许多在工程技术和自然科学领域遇到的优化问题的求解需要借助计算机。目前，有一些商用软件具备求解不同领域里常见优化问题的能力，例如 MATLAB。MATLAB 是一款用于计算、分析、解决工程技术和自然科学领域里许多问题的软件，使用非常广泛。MATLAB 提供了多种不同的工具箱（toolbox），用以解决特定领域的问题，其中，用来求解优化问题的被称为优化工具箱（optimization toolbox）。优化工具箱内嵌了一个程序集，能够求解许多常见的优化问题，例如线性规划、混合整数线性规划、二次规划、二阶锥规划、非线性规划、最小二乘、非线性最小二乘等。读者可以通过访问 MATLAB 优化工具箱的官方主页[3]了解学习更多相关知识。

2.3 建筑设计中的性能优化问题

在建筑学发展历史上，国内外很多学者和建筑师，对建筑设计的理论及方法进行了广泛深入的研究，形成了不同的思想、观点乃至学派。对建筑设计的过程及其在此过程中建筑师的创造性设计思维活动，有学者进行了精辟的论述。[4]从优化的视角看，建筑设计就是一个不断寻优的过程。在建筑设计中，不管建筑师是否意识到，他们总是在利用专业知识、技能、工具，在很多约束条件下解决一个又一个的优化问题，这些优化问题的解组合起来就形成了最终完整的建筑设计方案。

建筑设计中的性能优化问题通常较为复杂，有“全局性”优化问题和“局部性”优化问题的区别，有时需要寻找到“最优解”，但在更为通常的一般情况下，寻找到“较优解”就足够了。以下对建筑设计中的优化问题具有的这三方面的特点进行讨论。

2.3.1 建筑性能优化设计问题的复杂性

建筑性能优化设计问题中的性能函数通常涉及能耗、采光、日照、通风、成本、空间适用性、景观视线联系和用户满意度等。如果能耗是性能函数，那么我们面对的就是建筑能耗优化设计问题，属于建筑节能设计研究的范畴，亦可称为建筑节能优化设计问题。该问题可具体描述为：如何通过科学合理的设计，在满足建筑的正常使用功能、创造适宜的人居环境的同时尽可能降低建筑的能耗？从优化的视角对这一描述进行分析可知，建筑节能优化设计问题的性能函数是建筑能耗。设计参数是与能耗相关的诸多参数，包括形体、朝向、空间布局、围护结构热工物理特性、设备系统等。约束条件也很复杂，从宏观来说，“满足建筑的正常使用功能、创造适宜的人居环境”就是一个基本的约束条件。从微观上说，许多设计参数的变化范围不是完全自由的，而是必须满足一定的要求，彼此之间存在关联性。由此可见，建筑节能优化设计问题非常复杂，建筑设计上遇到的其他性能优化设计问题往往也比较复杂。

建筑性能优化设计问题的复杂性可从以下三个方面进一步理解：

首先，建筑性能优化设计问题的性能函数通常比较复杂。以上文所举的能耗为例，其理论计算模型相当复杂，即使是简化的能耗计算模型也需要使用多个方程和多个步骤才能描述清楚。如果是动态的、全面考虑建筑能量平衡和热传递的能耗计算模型，其复杂度会非常高。以 EnergyPlus（版本 9.4.0）为例，描述其能耗理论计算模型的“Engineering Reference”竟然厚达 1 800 余页。除能耗外，当自然通风、天然采光等性能作为优化目标函数时，理论计算模型也较为复杂。

复杂的性能函数给求解优化问题带来了挑战，这主要是因为复杂的性能函数需要花费较长的时间和资源进行计算，而在求解优化问题的过程中，需要对性能函数进行反复多次计算，这就使得整个求解过程相当耗时费工，有时甚至达到不具有现实可操作性的程度。因此，不少建筑性能优化设计的研究致力于简化性能函数，或者抛弃复杂的性能理论计算模型，采用大幅简化的替代模型，目的就是加速优化求解过程，使得性能优化更符合实践中建筑设计在速度和进度上的客观要求。

其次，建筑性能优化设计问题中的设计参数通常比较复杂。影响建筑性能的设计参数多种多样，包括朝向、几何尺寸、空间布局、材料构造、环境控制目标和策略等。这些设计参数以不同的方式、不同的程度影响着建筑的性能。除了数量众多以外，建筑性能优化设计中设计参数的复杂性还体现在以下两点：

第一，多个设计参数耦合在一起共同影响建筑的某一性能。在真实的建筑中，极少出现设计参数与性能一一对应的情况，即某一性能只受一个设计参数的影响。在几乎所有的情况下，两个或两个以上的设计参数耦合在一起，共同影响某一性能。这些设计参数对性能的影响有时是一致的，有时是互相矛盾的，有时甚至是一致和矛盾互相转化的。例如，增加窗户的面积对室内天然采光性能有正向的影响，增大窗户玻璃的透光系数也对室内天然采光性能有正向的影响，二者对天然采光性能的影响是一致的（均为正相关）。但是，增加窗户的面积和增大房间的进深（在房间面积不变的前提下）对天然采光性能的影响就是矛盾的，因为房间进深增大使得室内天然采光性能降低，也就是说房间进深和天然采光性能负相关。

第二，单一设计参数影响多个不同的建筑性能。和第一点相关联的是,在真实的建筑中,大多数设计参数都会影响多个不同的建筑性能。把这两点综合到一起，可以认为建筑的设计参数和性能的对应关系在绝大多数情况下是一种复杂的“多对多”的关系。同时，某一设计参数对不同性能的影响可能是相同的，也可能是矛盾的。例如，提高建筑室内外换气量有利于改善室内空气品质,但却会导致建筑能耗上升。这一特点给建筑性能优化设计带来了很大的挑战，因为经常会遇到为了改善某一性能而需要调整某一设计参数，但如果这一设计参数同时影响着别的性能，且这种影响是矛盾的，就容易出现“顾此失彼”的情况。这一现象特别需要引起建筑师的重视，在设计实践中小心应对。

多个设计参数耦合影响同一个性能以及单一设计参数同时影响多个性能，从两个互相联系的方面充分说明了建筑性能优化设计问题中设计参数的复杂性。

最后，建筑设计中优化问题的约束条件通常比较复杂。除目标函数复杂和设计参数复杂外，建筑性能优化设计中的约束条件通常也比较复杂。约束条件限定了设计参数的取值范围，使得设计参数不能毫无制约地变化，这看似降低了性能优化设计问题的复杂性，但由于真实建筑设计必须遵循的原则众多，想要分析清楚这些设计参数的约束条件并非易事。约束条件有的基于建筑的功能，有的基于物理规律，有的基于技术可行性，还有的基于经济乃至风格或美学的考虑。

2.3.2 建筑性能优化设计问题的全局性与局部性

建筑性能优化设计中存在全局性优化问题和局部性优化问题，正确理解这两类不同的优化问题有理论和应用上的双重意义。

全局性优化问题指优化的性能目标针对建筑整体，因此解决这一问题需要建立建筑整体的模型。建筑节能优化设计问题是一个典型的全局性优化问题,因为降低能耗这一优化目标是针对建筑整体而言的,仅对建筑的某一组成部分谈降低能耗没有意义。解决建筑节能优化设计问题时，要对建筑整体进行建模，计算建筑整体的能耗，进而通过调整设计参数寻找最优设计方案。全局性建筑性能优化设计问题由于涉及建筑整体和多个设计参数，所以不论建模、计算，还是优化本身都比较复杂，耗费的人工与时间均较长。

与全局性优化问题相比，局部性优化问题关注的是建筑局部的某个性能，该性能从属于建筑空间的一个组成部分、建筑的一个构件或建筑的一个子系统，而不涉及建筑整体。换言之，我们不需要对建筑整体建模就能够对优化问题进行分析和研究。这样的优化问题被称为局部性优化问题。

局部性建筑性能优化设计问题在建筑设计中经常出现，建筑室内某特殊空间的声学设计、建筑某朝向围护结构的构造设计等，都属于局部性建筑性能优化设计问题。与全局性建筑性能优化设计问题相比，局部性建筑性能优化设计问题只涉及建筑的一个或几个组成部分和子系统，需要的建模量小一些，涉及的设计参数少一些，所以解决起来难度也相对低一些。

2.3.3 建筑性能优化设计问题的最优解和较优解

从数学意义上说，优化问题应努力寻找理论上的严格最优解，但在真实的建筑性能优化设计中，我们往往只需要寻找到较优解即可。试图确定数学意义上的严格最优解往往是比较困难的，需要在所有可能的设计方案和设计参数组合中进行全面、深入的搜索，不论是计算量、设计量，还是耗费的时间和成本，都比较巨大。特别是对于涉及多个设计参数、性能计算模型复杂的优化设计问题而言更是如此。另一方面，在很多情况下，“较优解”与“最优解”的差距并不大，完全可以满足设计要求。在这种情况下，耗费巨大的时间和资源，去追求缩小“较优解”与“最优解”之间那已经较微小的差距，是得不偿失的。同时，受限于建筑设计的进度和时间要求，这样的努力并无必要，可能也不具可行性。

在具体进行建筑性能优化设计时，算法是决定能够找到较优解或最优解的关键因素，第 3 章将对此进行深入的讨论。

2.3.4 建筑性能优化设计的一般流程

在建筑设计实践中，建筑师和研究人员可能面对的建筑性能优化设计问题多种多样，性能函数、设计参数、优化目标、约束条件等各不相同。然而，解决这些不同的建筑性能优化设计问题的一般流程却基本相同，具有较强的普适性。

如图 2–8 所示，建筑性能优化设计始自于对设计任务、场地、气候、周边建成环境等基础条件的研究。根据研究结果，建筑师提出初始的设计方案。这两个步骤虽然可以借助计算机进行辅助设计和分析，但本质上依靠的还是建筑师的专业知识和技能，因此属于人工执行的步骤。有了初始设计方案，便可以进行某项或某几项性能的定量计算，通常依靠专业软件完成。根据性能定量计算结果，计算机判断是否达到建筑师预设的优化目标。如果达到，则结束设计，确定最终设计方案。如果没有达到，则调用优化算法，生成新的设计方案，再次进行性能计算。如此循环往复，形成一个具有自动化和智能化特点的设计流程。在图 2–8 中，性能计算、是否达到优化目标的判定、调用优化算法、生成新的设计方案，这四个步骤由计算机自动执行。需要注意的是，虽然是否达到优化目标的判定由计算机自动执行，但设定性能优化的目标却是由建筑师人工完成的。

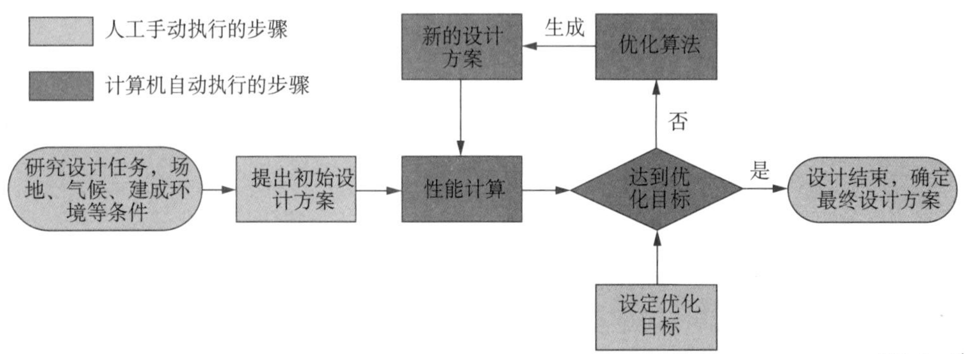

图2–8　建筑性能优化设计的一般流程

图 2–8 表达的建筑性能优化设计的流程结束于达到预设的优化目标并确定最优设计方案。但是，考虑到执行优化设计流程所需的时间和资源，还存在另一种终止的情况，即：虽然未达到预设的优化目标，但因为迭代的次数已达到一定的阈值，设计流程自动终止。在这种情况下，建筑师可以从生成的所有设计方案里选择性能相对较优的一个作为最终确定的设计方案。

在建筑性能优化设计流程中，优化算法具有关键的作用。建筑师根据设计任务、场地、气候、建成环境等前置条件，结合专业知识和经验判断提出初始设计方案，通常情况下不可能一开始就满足预设的性能目标，除非这个目标设置得过低。在这种情况下，优化算法需要根据特定的原则和方法，智能化地自动生成新的设计方案。显然，优化算法在建筑性能优化设计流程中扮演的角色，就像是汽车的发动机，驱动着流程的迭代和前进，直至最后寻找到满足性能目标的设计方案。因此，优化算法的效能对于建筑性能优化设计是否能成功及是否高效具有决定性的意义。关于建筑性能优化设计中的算法及其效能，将在第 3 章进行详细讨论。

参考文献

[1] RAO S. Engineering optimization: theory and practice. 3rd ed. New York: John Wiley & Sons, 2009.

[2] 中华人民共和国住房和城乡建设部. 建筑模数协调标准(GB/T50002—2013). 北京: 中国建筑工业出版社, 2013.

[3] MATLAB. Matlab official webpage. https://www.mathworks.com/products/matlab.html

[4] ROWE P. Design thinking. Cambridge: The MIT press, 1987.

第 3 章　驱动建筑性能优化设计的算法

3.1　算法

本书 2.3.4 小节介绍的建筑性能优化设计的一般流程中，优化算法是驱动整个流程的发动机，对于建筑性能优化设计能否成功及是否高效具有决定性的意义。本章将讨论建筑性能优化设计中的算法，包括基本概念、种类、效能等。

3.1.1　算法的基本概念

3.1.1.1　算法的定义

算法的历史悠久，在中国古代文献中称算法为“术”，最早出现在《周髀算经》和《九章算术》中，其中《九章算术》给出了四则运算、最大公约数、最小公倍数、开平方根、开立方根、求素数的素筛法、线性方程组求解的算法。三国时代的刘徽给出求圆周率的算法——刘徽割圆术。自唐代以来，更有许多专门论述“算法”的专著，如唐代江本的《一位算法》一卷、龙受益的《算法》一卷；宋代的《算法绪论》一卷、《算法秘诀》一卷，最著名的是杨辉的《杨辉算法》；元代的《丁巨算法》；明代程大位的《算法统宗》；清代的《开平算法》《算法一得》《算法全书》。

在现代自然科学和工程技术中使用的“算法”这一术语，是英文 algorithm 一词的翻译。但是，直到 1957 年，西方著名的《韦氏新世界词典》（*Webster's New World Dictionary*）中也未出现这一单词。据西方数学史家的考证，古代阿拉伯的一位学者撰写了一部名著 *Kitab al jabr w'al-muqabala*（《复原和化简的规则》），作者的署名是 Abu Abd Allah Muhammad ibn Musa al-Khwarizmi（约 780 年—约 850 年）。从字面上看，其含义是“穆罕默德（Muhammad）的父亲，摩西（Moses）的儿子，Khwarizmi 地方的人”，其拉丁名为阿尔戈利兹姆（Algorismus）。

从 al-Khwarizmi 的拉丁文译名 Algorismus 派生出 Algorism 一词，最后又从 Algorism 衍生出 Algorithm。[1]

约公元前 300 年，古希腊著名数学家欧几里得在其著作《几何原本》（*Euclid's Elements*）第七卷中阐述了求最大公约数的欧几里得算法（Euclides Algorithm），又称辗转相除法，该算法被广泛认为是史上第一个明确、清晰的算法。需要解决的问题是：给定两个正整数 m 和 n，求其最大公约数，即求能同时整除 m 和 n 的最大正整数。欧几里得算法的步骤如下：

（1）用 n 除以 m，并令所得余数为 r（r 小于 n）；

（2）若 $r=0$，算法结束，输出结果 n；否则继续步骤（3）；

（3）将 n 置换为 m，r 置换为 n，并返回步骤(1)继续执行。

进入 20 世纪，英国数学家 Alan Turing 提出了著名的丘奇－图灵论题（The Church-Turing thesis），并提出一种假想的计算机抽象模型，该模型被称为图灵机。丘奇－图灵论题认为“一个函数是可计算的当且仅当可由一部图灵机来计算它”。[2] 图灵机的出现解决了算法定义的难题，图灵的思想对算法的发展起到了重要的作用。

通俗地讲，算法是解决问题的方法或过程，现实生活中的很多工作流程都可以看作算法，如家具的安装指南、新产品的使用步骤、做菜的菜谱、理发的流程等。在数学和计算机科学领域，算法指用于求解特定问题的被精确定义的步骤序列，由一系列清晰的指令组成，其中每一条指令代表一个或多个步骤。

3.1.1.2 算法的特征

算法设计的先驱者 Donald E. Knuth 对算法的特征做了如下描述。[3]

1）有穷性（Finiteness）

算法必须能在执行有限步骤之后结束，即必须能在有限的时间内完成。如何理解有限的时间呢？如果一个算法需要在计算机上运行千万年，虽然该算法所需要的时间是有限的，但这样的算法没有实用价值。所谓需要有限时间的算法，应理解为，在人们可以接受的时间内完成的算法，也可以理解为算法中指令的数量是有限的，且执行每条指令的时间也是有限的，即算法必须总能在执行有限步骤后终止。

例如货郎担问题（旅行商问题）。货郎要到 n 个城市推销货物，已知从一个城市到其他城市的费用，求费用最少的路线。使用穷举法可以求得费用最少的路线，但是采用该方法求解花费的时间按照 $n!$ 增长。当 $n=20$ 时，$20!=1\times 2\times 3\times\cdots\times 8\times 19\times 20=2.43\times 10^{18}$，假设计算每条路线费用需要的计算机计算时间为 1e–7s，则共需要 7 000 年才能得到结果，该运行时间对于人们来说是无法接受的。因此，算法的有穷性应包含合理的执行时间的含义。

2）确定性（Definiteness）

算法的每一步必须是确定的，即组成算法的每一条指令必须有明确的含义，不会产生二义性，每执行完一步后对下一步有明确的指示。比如让计算机执行“将 m 或 n 与 y 相乘”的运算就存在二义性。因为按此指令，是把 m 与 y 相乘，还是 把 n 与 y 相乘，并不确定。

3）可行性（Effectiveness）

可行性也称为有效性，是指算法中描述的任何步骤都是可以通过已经实现的基本操作被执行有限次来实现。包含两个方面，一是算法所描述的每一步必须是基本的、有意义的。例如，除法不允许除数为0，在实数范围内不能求一个负数的平方根等。二是算法执行的结果要能达到预期的目的。比如，使 $\sin x$ 的近似值的绝对值大于1的求解过程，不具有可行性，它不是算法。

4）输入（Input）

一个算法应有零个或多个输入，这些输入通常取自某个特定对象的集合。所谓零个输入是指算法本身已给定了初始条件，不需要从外部获取数据。

5）输出（Output）

一个算法必须有一个或多个输出，通常输入与输出之间存在着某种特定关系，输出反映算法对输入加工的结果。既然算法是为解决问题而设计的具体实现的若干步骤，那么算法实现的最终目的是要获得问题的解，没有输出的算法是毫无意义的。

3.1.2 算法在科技和工程领域的应用

随着人类社会的不断进步，我们需要解决很多大空间、非线性、全局优化、组合优化等复杂的问题，传统的算法日渐捉襟见肘。近年来，随着人工智能领域的突飞猛进，许多智能算法不断涌现。作为数学、计算机科学、生物学等多学科交叉的产物，智能算法因其简单性、分布式、鲁棒性、易扩展性和广泛的适用性等优点，已经在信息技术、经济管理、工业工程、交通运输、通信网络等诸多领域获得了广泛应用。但是，没有一种“万能算法”可以解决所有的问题或在所有问题中均表现优异，因此，新的算法不断涌现，针对某一算法的改进和升级更是多种多样。本节将简要介绍算法在科技和工程领域的几个经典应用。

3.1.2.1 算法在游戏中的应用

2017年5月中国乌镇围棋峰会上，由英国伦敦 DeepMind 公司开发的人工智能围棋软件 AlphaGo 对弈围棋世界冠军柯洁，最终以

3：0 胜出。围棋过去被视为人工智能无法超越人类能力的藩篱，但 AlphaGo 的表现却让专家惊讶不已。[4] 传统的人工智能是将所有可能的走法以蒙地卡罗树形图滴水不漏地全部考虑进去，再凭借大量储备的棋局，通过胜负概率来判断下一步着点以作为计算方向。而 AlphaGo 不同于传统方法的是，除了要决定如何下棋，还要自我学习，会在观察盘面上所有围棋子部署的同时，像人类一样，根据数据和经验决定下一步怎么走，具有自主探索新的围棋策略的功能。据说 AlphaGo 被输入了协助开发的职业棋手的 3 000 万种下法供其学习，达到能够以 57% 的概率预测与之对弈人的行动。

神经网络算法是 AlphaGo 的“大脑”，一共运用了四种神经网络算法，即“快速走子网络”“专家训练网络”“自我提升网络”和“价值判断网络”。前三个神经网络都以当前围棋的对弈局势为输入，经过计算后输出可能的走子选择和对应的概率；最后一个神经网络是进行价值判断，输入一个对弈局面，就能计算出这个局面下黑白棋子的胜负概率。[4] 这种蒙地卡罗树状搜寻算法与两个深度神经网络算法相结合的方法，可以使计算机像人类的大脑一样自发学习进行能力训练，以提高实力。据悉 AlphaGo 与其他围棋智能程序对弈的胜率已经达到 99.8%。团队主导开发的科学家 Demis Hassabi 说：“游戏是人工智能开发和测试的极佳舞台，但终极目标是将这项技术用于解决现实社会各种问题。” AlphaGo 的优异表现为人工智能未来在更多领域的应用提供了可能。

3.1.2.2 算法在无人自动驾驶汽车中的应用

近年来，随着市场对汽车主动安全技术和智能化需求的不断提高，无人驾驶技术巨大的社会和经济价值越发凸显，越来越多的企业与科研机构积极参与并推动无人驾驶技术领域的发展。目前，能够实现完全无人驾驶的车辆还没有正式研发出来，但已有部分实验车型可以通过环境感知实现高度自主驾驶行为，如起步、加速、制动、车道线跟踪、换道、避撞、停车等。[5] 无人驾驶汽车作为一个可被控制的人工系统，主要包含两部分内容：硬件包括传感器、V2V 通信、执行器（发动机、方向盘等）；软件包括车载系统，感知模块、规划模块、控制模块，以及其他支撑软件；其中算法与模型是各软件模块的核心。

感知模块是以多种传感器的数据与高精度地图的信息作为输入，经过一系列的计算及处理，对无人驾驶汽车的周围环境精确感知的系统，它可称作无人驾驶汽车的视觉系统，为下游模块提供丰富的信息，包括障碍物的位置、形状、类别及速度，以及对一些特殊场景的语义理解（例如施工区域、交通信号灯及交通路牌等）。如何赋予计算机系统接近甚至达到人类的视觉能力是一项巨大的挑战，涉及到的技术和算法包括多传感器信息融合技术（卡尔曼滤波）、模式识别技术、图像处理技术、即时定位与地图构建（Simultaneous Localization and Mapping，SLAM）技术、高精地图构建技术等。此外，伴随着深度学习技术在图像和声音领域不断取得突破性进展，深度学习算法应用于无人驾驶汽车的视觉系统也取得了非常理想的效果。越来越多的企业开始研究如何基于深度学习利用双/多摄像头来应对复杂的道路环境，从而实现无人驾驶，包括中科慧眼、地平线、东软和 Minieye 等。无人驾驶的规划模块主要包含：（1）任务规划，即根据道路信息进行汽车出发点到目标点的路径规划，解决汽车去哪儿、走哪条路线的问题；（2）行为规划（Decision Maker），即在执行任务规划给定的路线过程中，根据实时路况和环境（包含其他车辆、行人、交通信号标志灯）信息，给出汽车的行为序列（比如停车、绕行、超车等）；（3）动作规划，根据行为规划给定的行为、当前汽车的位置、速度、方向信息，以及环境信息，根据汽车执行器的操作范围，规划汽车在完成给定行为所需的位置、速度、加速度、方向等状态序列。其中涉及的技术和算法包括图搜索技术、有限状态机、路径规划算法、轨迹规划算法等。控制模块是根据规划模块给出的状态序列、当前汽车的状态，利用反馈控制思路，给出汽车油门、方向盘转向、刹车等执行器的指令。其中涉及的技术和算法包括比例积分微分控制（Proportional-Integral-Derivative control，PID）、模型预测控制（Model Predictive Control，MPC）等。

3.1.2.3 算法在医疗影像诊断中的应用

当前，数据已经渗透到每一个行业领域，人们对于海量数据的挖掘、运用以及决策的需求，比以往更加紧迫，生物医学也正加速进入大数据时代。机器学习作为解决数据挖掘问题的主要方法之一，在许多领域得到广泛应用，尤其是在医疗领域，主要集中在疾病的预测、疾病的辅助诊断、疾病的预后评估、新药研发、健康管理、医学图像识别等方面。医疗领域常用的机器学习算法包括决策树、贝叶斯网络、人工神经网络、支持向量机、深度学习，其中常用的深度学习算法包括自动编码器（Auto Encoder, AE）、限制玻尔兹曼机（Restricted Boltzmann Machine, RBM）、深度信念网络（Deep Belief Nets, DBN）、卷积神经网络（Convolutional Neural Networks, CNN）、全卷积神经网络（Fully Convolutional Neural Networks, FCNN）等。

深度学习在医学领域的一个典型应用是医疗影像诊断。医学影像的数据量级最大，主要是由 DR、CT、MR 等医学影像设备所产生并存储在 PACS 系统内，具有规模大、增速高、结构多、价值高和真实准确的特点，并与医院信息系统（Hospital Information System，HIS）大数据、检验信息系统（Laboratory Information System，LIS）大数据和电子病历（Electronic Medical Record，EMR）等组成医疗大数据。[6] 随着技术的发展，医学影像设备能以更快的速度和更高的分辨率来收集数据，这些数据当前大多由人工分析诊断，不仅容易导致漏诊和误诊，同时也使放射科医师处理影像数据的压力越来越大，甚至远超负荷。[7] 利用分析工具对诊断任务进行初始过滤，以筛选异常，并量化测量值和时间变化，对提高诊断质量和减轻医生负担将起到至关重要的作用。在这些工具当中，深度学习因其自身的优越性和准确性被广泛应用。[8] 通过对图像的分类、定位以及分割和检测等方法的组合应用，对 2D 和 3D 医学影像数据进行特征提取、分类、识别和分割等，把可信的数据提供给医师参考,同时主观因素不会对其判断产生影响，在医师工作负担减轻的同时,也使得效率和诊断准确率得到提升。目前，应用深度学习算法进行医学影像诊断已经涉及到了多个解剖领域，如脑[9]、眼、肺、乳腺、心脏、腹部等。

3.1.2.4　算法在互联网搜索中的应用

互联网已成为人们学习、工作和生活中不可缺少的平台，而几乎每个人上网都会使用搜索引擎，它是根据用户需求与一定算法，从互联网上采集信息，在对信息进行组织和处理后，为用户提供检索服务，将检索的相关信息展示给用户的系统。广义上来说，获得网站网页资料，建立数据库并提供查询的系统，都可以把它称作搜索引擎。搜索引擎依托于多种技术，如网络爬虫技术、检索排序技术、网页处理技术、大数据处理技术、自然语言处理技术等，为信息检索用户提供快速、高相关性的信息服务。为了更好地服务网络搜索，搜索引擎的分析整理规则——搜索引擎算法也在不断创造和改进。

百度与 Google 都是比较典型的搜索引擎系统。百度搜索于 2000 年 1 月由李彦宏、徐勇两人创立于北京中关村，致力于向人们提供“简单、可依赖”的信息获取方式。作为全球领先的中文搜索引擎，百度每天响应来自 100 余个国家和地区的数十亿次搜索请求，是网民获取中文信息的最主要入口。为了给搜索用户提供更加优质便捷的搜索体验，从 2013 年发布首篇算法公告开始，经过 6 年的发展沉淀，至 2019 年百度搜索共计发布了 13 个算法、48 篇公告及算法解读文章，具体包括绿萝算法、石榴算法、冰桶算法、蓝天算法、清风算法、闪电算法、惊雷算法、烽火算法、极光算法、细雨算法、信风算法等。Google 最初是斯坦福大学的博士研究生 Sergey Brin 和 Lawrence

Page 实现的一个原型系统，现在已经发展成为互联网上最好的搜索引擎之一，也包含了大量算法，例如 TrustRank 算法、BadRank 算法、PageRank[10]、HillTop 算法、熊猫算法、企鹅算法、猫头鹰算法等。

3.1.2.5 算法在智能推荐中的应用

电商中的“猜你喜欢”，应该是大家最为熟悉的算法在智能推荐中的应用。在淘宝、京东商城或亚马逊购物，总会有“猜你喜欢”“根据您的浏览历史记录精心为您推荐”“购买此商品的顾客同时也购买了商品”“浏览了该商品的顾客最终购买了商品”，这些都是推荐引擎运算的结果。随着互联网的广泛应用,网络化和信息化技术不断推进,网络中的信息资源呈爆炸性增长，同时计算机、移动终端及多媒体技术也在不断更新，人们可以便捷地利用电脑或手机访问网络获取自己想要的信息资源。丰富的信息资源为人们带来极大便利的同时,一方面,产生了信息的严重过载问题，另一方面，用户很难从众多的网络资源中及时准确地获取所需要的信息。如何帮助用户快速高效地在浩瀚的网络资源中找到有用信息，缩短查询时间，提高效用性价比，智能推荐技术为解决此问题开辟了新途径。智能推荐技术实质上是一种信息过滤技术,从众多信息中提取出有用的信息,以数据挖掘理论为工具,通过收集用户的行为日志,分析用户的偏好并向其推荐感兴趣的信息,为用户和信息生产者双方提供便利。

智能推荐系统一般由三个部分组成，即信息存储、信息处理和智能推荐。[11] 信息存储是记载用户登录网站的相关信息，如登录信息、浏览内容、操作信息等。信息处理是从信息存储部分得到数据内容进行数据预处理，包括数据清洗、数据过滤、数据选择、数据集成等，并将清洗后的数据整理成符合要求的数据记录，根据研究问题的需要选择是否导入数据库。智能推荐是把处理后的数据按照推荐算法实施推荐过程并将结果反馈给用户。在整个系统中智能推荐算法是系统的核心，对推荐的结果起着至关重要的作用。

智能推荐系统的算法设计分为个体、群体、整体三个层次的特征：对个体用户，算法一般通过对内容特征、人的特征、环境特征三个维度指标的分析，在特定人和特定内容之间做出力求精准的匹配。内容特征可能包括领域分类、主题词、实体词、来源、质量评分、相似文章等指标，人的特征包括兴趣、年龄、性别、职业、使用行为、机型等指标，环境特征包括时间、地点、天气和网络类型等。在群体层面，算法通过寻找不同用户在兴趣分类、主题、实体词和使用行为上的相似性，将一个用户感兴趣的内容推荐给另一个人，这已不是基于用户自己的历史行为，而是基于群体隐性关联之上的协同推荐。就网民整体，算法则基于内容的热度特征，包括全平台的热点文章或不同类别、主题和关键词的热点内容，在“冷启动”阶段对新用户进行初步推荐。其中包含的智能推荐算法有基于关联规则的推荐、协同过滤推荐、基于内容的推荐、基于效用的推荐等。

3.2 优化算法及其在建筑性能优化设计中的应用

3.2.1 优化算法

求解优化问题的方法大致包括三类：基于经验的优化、基于实验的优化和算法优化。其中，基于经验的优化是操作者根据既有经验反复试错的过程，操作者根据自身或前人的经验预估解的分布规律以及最优解的分布范围，评估各个可行解的优劣。基于经验优化的主要优点是操作者只需在自身领域有足够的经验和知识累积，而不需要掌握其他领域的技能，并且该方法有时能比其他优化方法更快地找到满意解。然而，其缺点包括：

（1）由于在各领域内只有少数人拥有足够的经验和知识积累，所以只有他们有能力进行令人信服的评估和优化，且优化结果的好坏很大程度上依赖于操作者的知识背景；

（2）该方法是手动优化的过程，需要重复操作，耗时较长；

（3）优化过程中被评估的解都是操作者事先确定的候选解，搜索范围较小，可行域内的大部分解都没有被涉及，因此很有可能错过更好的解。

基于实验的优化是通过实验分析优化问题及其解的特征，研究解的分布规律。最常见的方法是部分因子实验，即保持其他优化变量不变，仅改变其中某一优化变量，分析该变量和目标函数的对应关系（如线性、非线性、单峰、多峰等），推断出目标函数随该变量变化的趋势，并据此确定该优化变量的最优值，然后重复这一过程并确定其他优化变量的最优值，最终得到优化问题的最优解。这一优化过程要求各优化变量相互独立，然而在建筑性能优化设计中，只包含独立变量的优化问题很少，优化变量往往相互影响。同时，当优化变量的数量较多时，要确定所有优化变量与目标函数的关系工作量极大，且需要良好的数学基础，对普通操作者而言难度很大。

优化算法在优化领域一直备受关注，可用于求解优化问题、得到优化问题极值的算法统称为优化算法。其一般寻优流程是从一个或几个初始解开始，使用某种策略，指导下一步搜索新的解，最终在满足结束条件时停止搜索，输出最优解（图 3–1）。优化算法的关键在于指导搜索新解的搜索策略，它决定了优化算法的搜索路径，从而决定该算法能否准确地搜索到全局最优解。

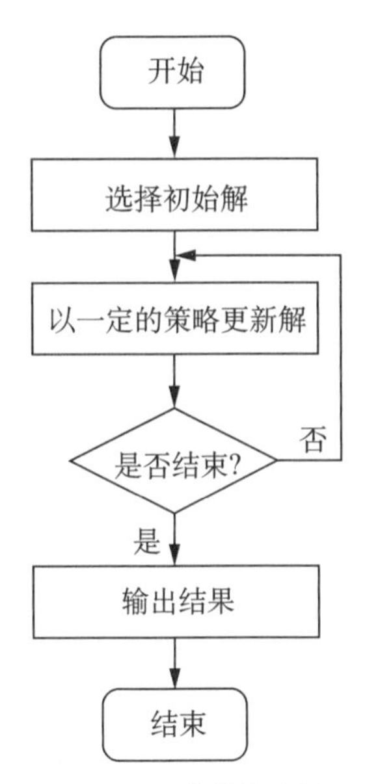

图3–1　优化算法的一般寻优流程

使用优化算法进行优化的主要特点包括：

（1）在处理大型复杂的优化问题时非常有效；

（2）能够根据某种策略自动搜索，不需要手动操作，节省人力；

（3）对操作者的知识背景要求不高，只需掌握相关算法知识和优化技术手段就可进行；

（4）算法的效率是解决优化问题的核心，对优化结果有着举足轻重的作用。

如今，使用优化算法解决优化问题已经深入到各行各业中，在市场销售、生产计划、库存管理、运输问题、财务会计、人事管理、工程的优化设计、计算机和信息系统以及城市管理等方面都有所应用。特别是在最近几十年，优化理论及优化算法在建筑优化设计领域得到了快速发展，在建筑方案设计、设备系统以及能源再生等优化问题中应用广泛，目的是在满足使用功能和舒适度要求的前提下，尽可能节约能源和减少对环境的不利影响，实现可持续建筑的目标。

3.2.1.1　传统优化算法

传统优化理论往往是先研究优化问题，以得到优化解的数学特征，再根据其数学特征设计优化方法。传统优化算法主要包括两大类：代数法和直接搜索法。

1）代数法

代数法是通过计算目标函数的一阶、二阶导数以及函数的解析性质求出解的搜索方向，主要包括线性规划中的单纯形法、非线性规划中的梯度法（例如最优梯度法、最速下降法、共轭梯度法等）、牛顿法（例如二阶导数法等）、拟牛顿法（例如变尺度法、DFP 法等）等。其中单纯形法是由美国数学家 George Dantzig 于 1947 年首先提出的，用以解决线性规划问题。其理论依据是，线性规划问题的可行域是 n 维向量空间 R_n 中的多面凸集，其最优值如果存在，必在该凸集的某顶点处达到，所有顶点对应的可行解为基可行解。其基本原理是，首先设法找到一个初始基可行解并根据线性规划问题的最优性条件判断该解是否为最优解，是则输出结果，计算停止，否则通过换基等操作，产生一个使目标函数值更优的基可行解，然后重复以上操作，直至找到最优解或判定其无解。梯度法是求解多维无约束优化问题的数值方法，是 1847 年由著名数学家 Cauchy 提出的一种最古老的解析法，它通过求解某点在目标函数处的梯度并将负梯度方向作为搜索方向，且越接近目标值步长越小，前进越慢。

使用代数法求解优化问题，要求其必须满足特定的解析性质。例如单纯形法主要用于求解线性优化问题，只有当目标函数和约束条件都是线性函数时才能有效求解；且由于基可行解有有限个，而且目标函数值每次都有所改进，因而该算法必定能在有限步内终止，使得计算量大大少于穷举法。使用梯度法求解多维无约束优化问题，需要用到目标函数的一阶或二阶导数，这就要求目标函数必须可导；该算法的优点是计算简单，需记忆的容量小，对初始点要求低，稳定性高，且在初始阶段收敛速度很快；其不足之处是梯度法在某点处的下降方向只是局部下降最快的方向，只代表了函数局部的性质。

2）直接搜索法

直接搜索法通过直接比较当前解与历史最优解的目标函数值指导下一步搜索的步长和方向。此类方法不用求解目标函数的一阶或二阶导数，在解决不易求导或不可导的优化问题时非常有效。直接搜索法主要包括穷举搜索（Exhaustive Search）、顺序搜索法（Sequential Search）、坐标系搜索（Coordinate Search）（例如成功—失败法、斐波那契法、黄金分割法、切线法）、模式搜索以及具有自适应搜索方向集的方法（Mesh Adaptive Direct Search，MADS）。穷举搜索法是对所有可行解按照某种顺序进行逐一枚举和检验，从中找出最优解。坐标系搜索在每次迭代时都从当前点出发，沿每个坐标方向进行一维搜索以求得极值。模式搜索法由 Hooke 和 Jeeves 于 1961 年提出，[12] 该算法的每一次迭代都是交替进行轴向搜索和模式搜索。其中，轴向搜索是按照一定搜索步长，依次沿各个优化变量的单位向量的方向进行，目的是探测有利的下降方向，寻找使目标改善的点。模式搜索是沿着相邻两个改善点的连线方向进行，目的是沿着有利的方向加速移动，使目标函数值下降更快。若从当前点出发，进行模式搜索找到的点使得目标更优，则从该点开始进行新一轮轴向搜索和模式搜索，且搜索步长递增；否则，从当前点开始新的轴向搜索和模式搜索，且搜索步长递减。模式搜索的工作流程如图 3-2 所示。

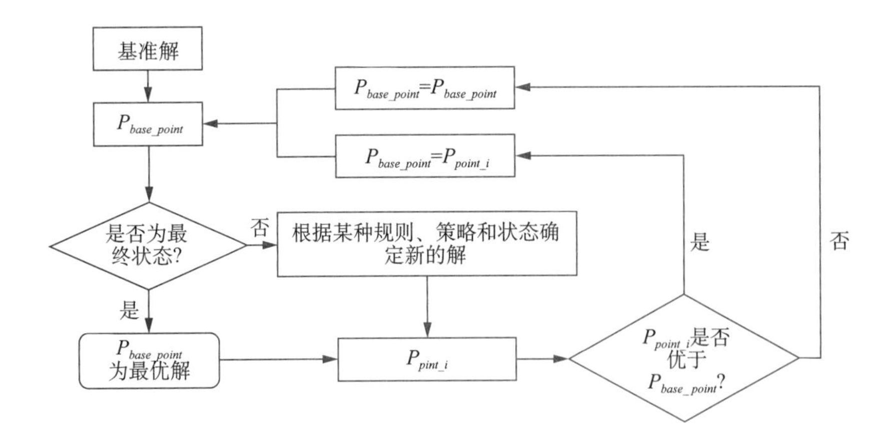

图3-2　直接搜索算法的工作流程

使用穷举法时，因为将所有可行解都进行了判断，所以最终得到的解肯定是正确的，但是会做很多无用功，效率低下。特别是在求解多变量优化问题时，随着变量数目的增加，穷举法需要评价的可行解的数目呈指数级增长，计算耗时会急速增加，导致该方法的可行性变差。使用模式搜索法时，每一次的迭代都是朝着使目标函数值更优的方向进行，可以极大地节省搜索时间。

3）传统优化算法的优劣

代数法具有坚实的数学基础，理论说服力强，是精确的、确定性的算法，在各领域都有所应用。但是，由于需要精确描述优化问题的数学特征，代数法在应用上存在很多局限性。首先，代数法是精确的确定性的算法，每一步搜索都需要充分的数学依据，这就要求对优化问题的数学模型以及解空间的数学特征有充分的认识。然而很多建筑性能优化设计问题的数学特征尚不清楚，限制了代数法的应用范围。其次，对于使用者来讲，在使用代数法解决优化问题时，不仅要对优化问题相关领域的知识相当熟悉，而且要有扎实的数学基础，这对使用者提出了更高的要求，增加了代数法的应用难度。

直接搜索法是从一个解出发开始优化，并在初始解所在区域进行收敛，优化结果的好坏极大地依赖于初始解的选取。当有多个局部最优解时，它很难跳出局部最优解，也就无法保证收敛到全局最优解。

3.2.1.2　智能优化算法

传统优化算法的局限性部分反映了数学理论上的局限性，对于大多数优化问题，目前的数学理论尚不能给出优化解的特征。因此，在数学理论尚不能有实质性突破的前提下，很难克服传统优化算法的局限性。此时，智能优化算法表现出极大的优越性。智能优化算法是通过模仿自然界和生物体的各种现象及原理来搜索最优解，具有随机性和自适应性的特征。该类算法不需要预先确定优化问题可行解空间的数学特征，而是通过启发式的方法求解优化问题。但是，智能优化算法是一类近似算法，快速有效，却并不能保证找到真正的最优解，只是在有限时间内找到最接近最优解的次优解，这也是它的不足之处。目前最有代表性且使用较为广泛的智能优化算法有：进化类算法（Evolutionary Algorithms，EAs）、粒子群算法[13]、蚁群算法[14]、模拟退火算法[15]、和声搜索（Harmony Search，HS）[16]等，其中进化类算法又包括遗传算法[17]、微分进化（Differential Evolution，DE）[18]、进化规划（Evolutionary Programming，EP）[19]、进化策略（Evolutionary Strategy，ES）等。以下简要介绍几种常用的智能优化算法。

1）遗传算法

遗传算法是通过借鉴生物界的进化规律——适者生存、优胜劣汰，演化而来的随机搜索方法，通过适应度函数来评价个体的好坏，包括选择、交叉和变异三种遗传算子。选择算子可根据个体适应度的大小选择被遗传到下一代的个体，适应度大的个体有较高的生存概率，从而把优良的个体遗传到下一代。交叉算子是以一定概率交换两个父代个体中的部分结构以产生新个体，其目的是将父代中的优良基因组合后传至下一代，同时产生新的寻优空间。变异算子是以一定概率在父代个体的某个基因位发生突变，并产生新个体，它在保持种群多样性和保证算法全局收敛性中有着重要作用。遗传算法的工作流程如图 3-3 所示。

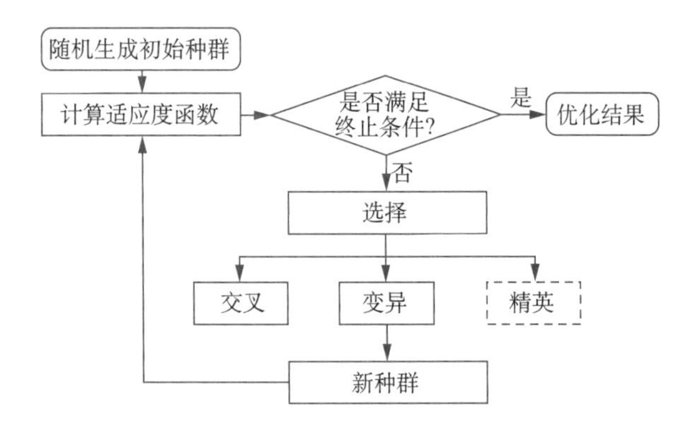

图3-3　遗传算法的工作流程

遗传算法的特点主要包括：（1）从由多个解组成的初始种群开始搜索，而不是从单个解开始，覆盖范围大，有利于保证解的多样性和全局寻优；（2）是随机搜索算法，三个遗传算子里都有随机数参与，正是这种随机性，使得寻优过程比较容易跳出局部最优的陷阱，在全局范围搜索最优解；（3）同时处理种群中的多个个体，使得算法本身易于实现并行化；（4）仅用适应度函数来评价个体，基本上不用其他搜索空间的知识及辅助信息，适应度函数不受连续可微的约束，这使得遗传算法的应用范围大大扩展；（5）具有自组织、自适应和自学习性，利用进化过程中获得的信息自行组织搜索。除此之外，遗传算法存在一些局限性：（1）有“早熟”特征，当变异概率较低时，解的多样性将减弱，容易陷入局部最优；（2）遗传算法在搜索过程中，每一代都要保持一个较大的群体规模，使得其在一些超大规模的优化问题上的应用受到局限，通常效率比其他传统优化方法低；

2）粒子群算法

粒子群算法源于对鸟群和鱼群运动行为的研究。使用粒子群算法时，搜索空间中的每个粒子都代表一个解，所有粒子的飞行方向都由当前粒子的最优位置以及所有粒子中最好粒子的位置决定。因此，粒子可根据历史和全局信息自适应地调整优化方向。在重复迭代过程中，粒子会越来越多地朝着最优解的区域汇聚。粒子群算法的工作流程如图 3–4 所示。

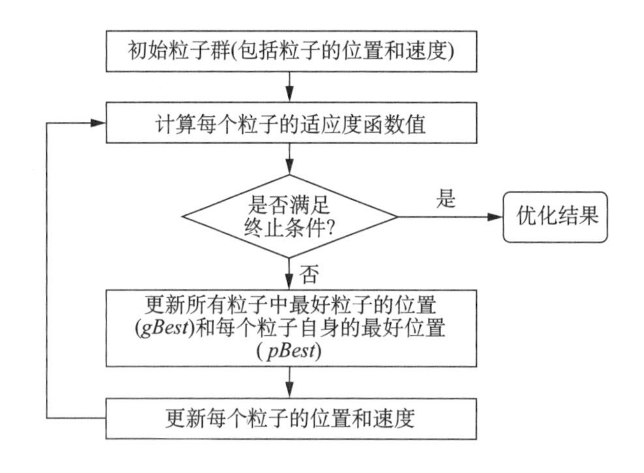

图3–4　粒子群算法的工作流程

粒子群算法的特点包括：（1）该算法本质上是利用当前位置、全局历史最优位置以及个体历史最优位置的信息，指导粒子下一步的迭代位置，能充分利用自身和群体经验调整自身状态是该算法具有优异特性的关键；（2）该算法流程简单易实现，算法参数简洁，方便应用且收敛迅速，可以用较少的个体搜索到较好的结果，储存量和计算量都相对较低；（3）优化过程不依赖于优化问题本身的数学性质，如连续性、可导性等；（4）从多个解出发开始搜索，优化过程具有潜在的并行性；（5）在求解连续函数优化问题以及静态或动态多目标优化问题时表现比较好，而对于离散的优化问题处理不佳。

3）模拟退火算法

模拟退火算法的思想来源于模拟固体退火降温的过程，先将固体加温至足够高，再让其缓慢冷却。加热固体时，固体中原子的热运动不断增强，内能增加，随着温度的继续升高，固体内有序的排列秩序被彻底破坏，内部粒子的状态随温度的升高而变为无序状。当冷却时，粒子从无序逐渐趋于有序，在每个温度下都达到平衡状态，最后在常温下达到基态，内能减为最小。模拟退火算法用冷却进度表来控制算法的进程，当算法的控制参数徐徐降温并趋于零时最终求得最优解。模拟退火算法的基本工作流程如图 3–5 所示。

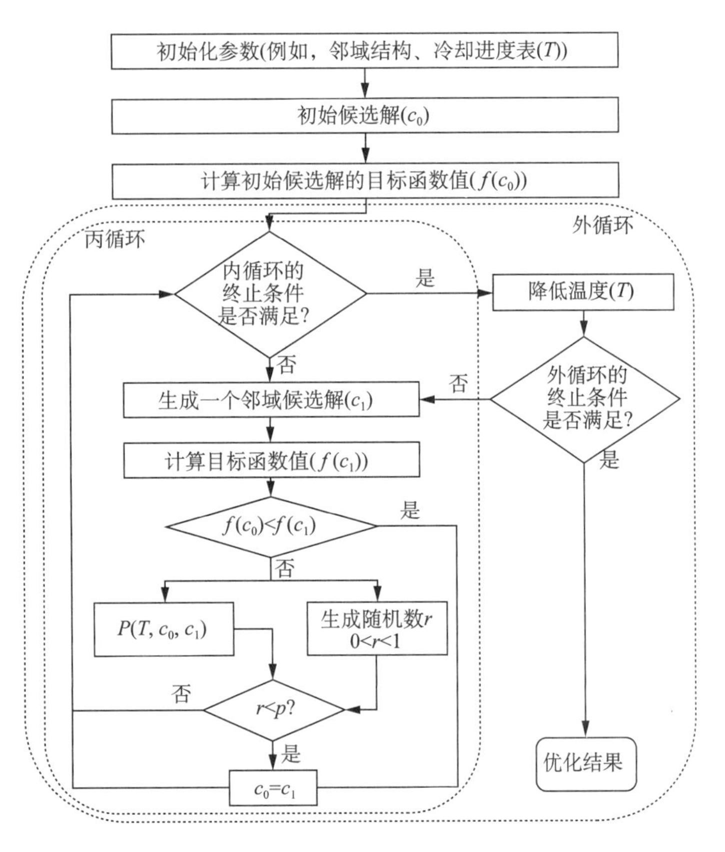

图3–5　模拟退火算法的工作流程

模拟退火算法计算过程简单、通用、鲁棒性强，适用于并行处理，可用于求解复杂的非线性优化问题。但是其收敛速度慢，执行时间较长，算法性能与初始值与相关参数的设置有关。该算法尤其适于求解 NP 类问题，如在求解著名的货郎担问题时具有很好的表现和优异的性能。

4）蚁群算法

蚁群算法的灵感来源于蚂蚁在寻找食物过程中发现路径的行为。蚂蚁在路径上前进时会根据前面走过的蚂蚁所留下的信息素选择要走的路径，其选择某条路径的概率与该路径上信息素的强度成正比。由于距离短的路径蚂蚁通过时需要的时间少，导致相同时间内通过该路径的蚂蚁数量多，从而导致信息素的正反馈增加，最终导致越来越多的蚂蚁选择短路径（图 3–6）。

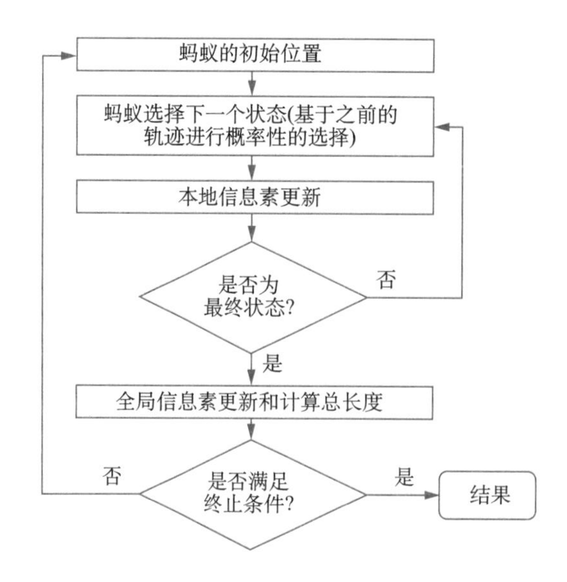

图3-6 蚁群算法的工作流程

蚁群算法的特点包括：（1）具有自组织性，即群体的复杂行为是通过个体信息的交互过程来实现；（2）个体可以改变环境，并通过环境来进行间接通信；（3）是一类概率型全局搜索方法，信息素越多的路径被蚂蚁选择的概率越高；（4）具有潜在的并行性，其搜索过程不是从一个点出发，而是同时从多个点进行，在离散组合优化问题中有着自身的优势；（5）优化过程不需要考虑问题解的数学特征，目标函数不受连续可微的约束。

5）和声搜索算法

在音乐演奏中，乐师们通过反复调整乐队中各个乐器的音调以达到最美妙的和声状态。Zong Woo Geem 等受这一现象启发提出了和声搜索算法。和声搜索算法将乐器 i（i=1，2，…，m）类比于优化问题中的第 i 个设计变量，各乐器声调的和声 R_j 相当于优化问题的第 j 个解向量。算法首先产生 M 个初始解（和声）放入和声记忆库 HM（Harmony Memory）内，以概率 HR 在 HM 内搜索新解，以概率 1-HR 在 HM 外的区域搜索，然后算法以概率 PR 对新解产生局部扰动。最后比较新解的目标函数值与 HM 中的最差解，若新解较优，则替换该最差解，否则不替换。然后不断重复这一过程，直到搜索到目标解或者达到预定迭代次数 T_{max} 为止。与遗传算法中的选择、交叉、变异算子类似，和声搜索算法通过引入 HP 和 PR 两个参数来保证解的多样性和全局性，但是对于参数的取值尚没有可靠的理论基础。

和声搜索算法有着启发式算法的一些共同优点：（1）算法的通用性好，对优化问题的复杂程度要求不高；（2）算法的思想和原理简单，容易理解和实现；该算法易于与其他算法混合，构造出性能更优的算法。除此之外，和声搜索算法也存在一些不足：（1）容易

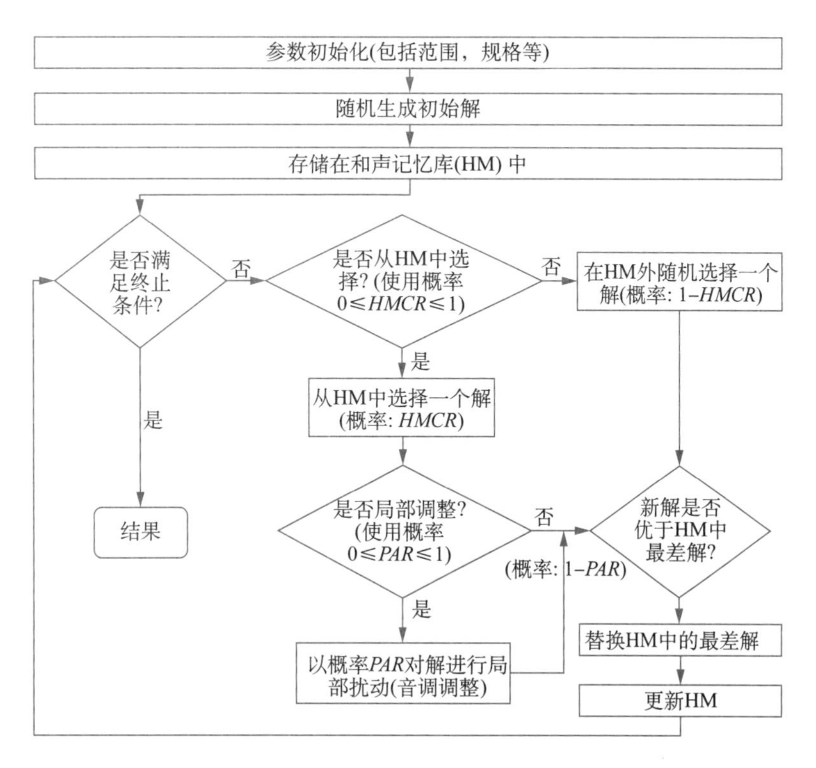

图3-7 和声搜索算法的工作流程

陷入局部最优；（2）在收敛过程后期其收敛精度会不够；（3）算法自身的参数设置会对算法的性能产生很大影响，却很难调节。

6）智能优化算法的优劣

智能优化算法的主要特点总结如下：（1）智能优化算法在借鉴自然界现象或生物体各种原理的基础上，具有随机搜索和自适应环境的能力；（2）从多个解出发开始搜索，有利于解的多样性和优化过程的并行性；（3）智能优化算法使用适应度函数来评价个体，不受连续可微的约束，使得该类算法的应用范围得到扩展。

除此之外，智能优化算法也存在一些局限性：（1）该类算法的优化原理虽然在实践中得到一定程度的验证，但缺乏严格规范的数学描述，在理论方面的说服力不足；（2）有关智能优化算法的理论研究大多停留在具体算法的范围内，缺乏统一的理论框架；（3）智能优化算法是近似算法，不能保证求得最优解，只能在有限时间内求得次优解。

3.2.1.3 混合算法

混合算法是将两种或两种以上优化算法结合在一起进行优化操作的算法，结合了多种优化算法的优越性。构造混合算法可将某一种优化算法作为基础，再融合其他优化策略或理论。最常用的混合算法是将一种智能优化算法与一种直接搜索算法相混合，例如粒子群算法与模式搜索法的混合[20]、遗传算法与模式搜索法的混合[21]等。智能优化算法从多个初始解出发，具有良好的全局搜索能力，而直接搜索算法是从单个初始解出发，具有良好的局部搜索能力。应用二者的混合算法时，可先使用智能优化算法快速找到最优解所在区域，然后再用直接搜索算法在该区域进行更精细的局部搜索。混合算法可以极大地缩短优化时间，搜索到更接近全局最优的解。

3.2.2 优化算法在建筑性能优化设计中的应用

近十年来，优化算法在建筑领域的应用快速发展，在求解建筑方案设计、设备系统以及能源再生等优化问题中应用广泛。根据文献调研，智能优化算法的使用频率最高，其次是混合算法。在智能优化算法中，遗传算法占支配地位，其次是粒子群算法。在传统优化算法中，直接搜索算法较为常见。

3.2.2.1 传统优化算法在建筑性能优化设计中的应用

使用代数法求解优化问题，要求该优化问题必须满足特定的解析性质，例如单纯形法主要用于求解线性优化问题，只有当目标函数和约束条件都是线性函数时才能有效求解；使用梯度法求解多维无约束优化问题时，需要用到目标函数的一阶或二阶导数，这就要求目标函数必须可导。由于大多数建筑性能优化设计问题很难满足特定的解析性质，因此使用代数法求解建筑性能优化设计问题的研究很少。相关研究包括：Page[22] 分别在独立建筑、半独立式建筑、梯田式住宅和平屋建筑设计中使用基于导数的优化算法研究了建筑形状对外围护结构传热损失的影响。Jedrzejuk 和 Marks[23, 24] 使用解析—数值法求解了一个多目标优化问题，优化变量包括建筑内部空间划分方式、外围护结构保温层的厚度、建筑形状和热源。Bouchlaghem 和 Letherman[25] 通过改变建筑外围护结构的特性，使用单纯形法和复杂的非随机方法优化室内不舒适水平。Uctug 和 Yukseltan[26] 使用解析法优化位于土耳其的一幢住宅建筑的玻璃、照明设备、电气用具以及光伏发电。与典型的构造成本最小问题不同，他们使用线性规划的方法评价有效的预算分配方式并使得能源节省量最大。Marsh[27] 通过改变建筑形式使用解析法优化建筑表皮上的太阳辐射量，他使用 Ecotect 模型计算太阳辐射的路径。该项研究对于简单的建筑形体可以自动生成，然而对于更复杂的问题却必须进行手动操作。

由于直接搜索算法并不需要准确知道目标函数的数学表达式及其解析特征，只需要根据上一次搜索到的解的目标函数值以及一定的搜索规则来确定下一次的搜索方向，因此，该方法在建筑性能优化设计领域的应用较为广泛。相关研究包括：Peippo 等[28] 和 Eisenhower 等[29] 分别使用模式搜索法和具有自适应搜索方向集的方法进行优化。Griego

等[30]和 Ihm 等[31]使用顺序搜索法优化住宅建筑的能耗。Ellis 等[32]使用顺序搜索法建立了一个自动化的多变量优化工具，用于建筑优化设计研究。Diakaki[33]使用直接搜索法优化建筑和窗户的保温性能，目的是使建造成本和能耗都最小。研究中还采用了折中规划、目标规划以及全面评测标准，这些方法对于解决简单问题都是适用的，但是却无法进一步扩展到复杂的问题上。Wetter 和 Polak[34]使用收敛的模式搜索算法并结合自适应的模拟精度，优化窗户和遮阳板的尺寸以使得能耗最低，并且他们用一系列的微分方程去表现被模拟的建筑。最后证明他们提出的方法对于解决目标函数原本光滑却因为近似舍入等操作使其出现断点的优化问题很有效，特别是针对建筑节能优化这一典型问题。

3.2.2.2　智能优化算法在建筑性能优化设计中的应用

在建筑性能优化设计中，遗传算法以及加入帕累托概念的多目标遗传算法是最常用的优化算法，在建筑设计、设备系统以及能源再生等优化问题上应用广泛。使用遗传算法求解建筑设计相关的优化问题的研究包括：Sahu 等[35]使用遗传算法优化建筑外围护结构的选型，以使得能耗最小；Huang 等[36]以室内湿度水平和成本为目标，使用遗传算法优化湿缓冲材料的厚度和位置；Jo 和 Gero[37]运用遗传算法解决建筑空间布局问题，目的是通过合理分配不同空间内人的活动，使得内部流线最短。Caldas 和 Norford[38]使用遗传算法和计算机模拟软件 DOE2 优化窗户的大小以使得建筑耗能最少，并与人工手动优化的结果进行比较，证明了遗传算法优化结果的可靠性和广泛的适用性；Wang 等[39]使用遗传算法解决多目标优化问题，在满足 ASHRAE 标准的前提下，通过改变建筑平面的形状，权衡全生命周期成本以及对环境的影响这两个目标以找到满意解；Evins 等[40]使用一种多目标遗传算法解决建筑双层幕墙的设计和控制问题，其优化目标是建筑内制冷负荷和制暖负荷，设计参数包括开口的位置、风速以及玻璃的类型，控制参数包括启动各种控制引擎时的环境温度。使用遗传算法求解设备系统相关的优化问题的研究包括：Wright 等[41]使用遗传算法解决 HVAC 系统设计和控制领域中的多目标优化问题，并将能耗和室内热舒适度作为优化的目标。Grierson 和 Khajehpour[42]将遗传算法应用于一个高层建筑的概念设计阶段。Gagne 和 Andersen[43]提出了一种基于遗传算法的建筑立面设计工具。Coley 和 Schukat[44]在研究中将遗传算法和动态建筑热模拟 EXCALIBUR[45]进行耦合，降低建筑能耗。使用遗传算法求解能源再生相关的优化问题的研究包括：Tanaka 等[46]使用遗传算法优化大型热电联供系统的耗能，优化变量包括系统中锅炉设备的类型、设备启动和停止时间以及整个系统的负荷系数，只是这项研究的缺陷是其只选择了一年中的某一天进行模拟，不能代表全年水平；Talebizadeh 等 [47] 使用遗传算法优化光伏电池板的安装角度，以使其产生的能量最多；Bornatico 等 [48] 使用遗传算法和粒子群算法两种优化算法优化太阳热能收集器的设置参数，并将二者的优化结果进行比较，研究中的变量包括收集器的面积、水箱体积以及辅助动力单元的大小，优化目标包括太阳能转化率、过程耗能以及建造成本，并使用加权和法计算。

在建筑性能优化设计领域，粒子群算法是智能优化算法中除了遗传算法以外使用最多的算法。相关研究包括：Yang 和 Wang[49] 使用粒子群优化算法进行多目标优化的研究，优化目标为操作成本和舒适度，优化变量为系统控制参数。该控制系统使用计算机进行模拟分析，并且他们假设建筑能够直接回应外部条件的变化。Carlucci 等 [50] 使用粒子群算法来优化住宅建筑的围护结构和被动设计策略。Ferrara 等 [51] 使用粒子群算法优化住宅建筑的外围护结构。Ferrara 等 [52] 使用粒子群算法优化教室的供暖、制冷和照明负荷。

在建筑性能优化设计中，模拟退火算法的应用也受到越来越多的关注。相关研究包括：Romero 等 [53] 调整神经网络模型以适应有限体积方法得到的 24 小时热模拟数据，并在保证错误率低于 10% 的情况下，使得 50 000 次评时的计算速度提高了 1 200 倍。这是一个优化过程中运用计算机流体动力学的案例，这方面的研究比较少，因为需要该神经网络模型尽可能地真实。在该项研究中，通过改变围护结构构造方式，使用了遗传算法和模拟退火算法两种算法进行优化，以使得室内过热的情况尽可能小。Caldas[54] 比较了遗传算法和模拟退火算法的表现，发现遗传算法比模拟退火算法的表现略好，且遗传算法能在可行解空间的更大范围内搜索，并找到更多不同的解。Kaziolas 等 [55] 使用遗传算法和模拟退火算法优化木构建筑的结构。Varma 和 Bhattacharjee[56] 研究了遗传算法和模拟退火算法在建筑围护结构优化中的应用。

蚁群算法在建筑性能优化设计领域的应用研究主要包括：Shea 等 [57] 使用多目标蚁群算法优化照明设备的配置以使得室内照明性能和成本最优；此外，蚁群算法还被用于优化建筑的全生命周期能耗。[58]

和声搜索算法是新近问世的一种启发式全局搜索算法，近几年发展迅速，成为了最重要的启发式算法之一，在建筑性能优化设计领域也有所应用。Fesanghary 等 [59] 使用和声搜索算法优化建筑构造类型，使建筑能耗和全生命周期成本最低。Vasebi 等 [60] 提出了使用和声搜索算法解决电力和热量调度问题，以使热电联供系统的操作成本最低。

3.2.2.3　混合算法在建筑性能优化设计中的应用

由于结合了不同算法的优越性，混合算法在处理建筑性能优化问题经常出现的不连续、整数约束以及多峰函数等问题时表现出非凡的能力。在应用方面，Wetter 在其开发的优化软件 GenOpt[20] 中引入了混合的粒子群和 Hooke-Jeeves 模式搜索算法，其中粒子群算法在某一固定网格上搜索，极大地减少了优化过程中调用模拟引擎的次数，节省优化时间。Lee 和 Cheng[61] 使用混合的 Hooke-Jeeves 模式搜索和粒子群算法优化冷却水的温度，以使 HVAC 系统冷却装置的耗能最低。Hasan 等 [62] 以芬兰的独栋住宅为原型，使用混合的 Hooke-Jeeves 模式搜索和粒子群算法，通过改变围护结构的保温性能使得建筑全生命周期成本最低，并将优化结果与穷举法的结果进行比较，证明了该混合算法的有效性。Kämpf 和 Robinson[63] 使用 CMA-ES 和 HDE 的混合算法在城市层面研究“太阳能利用”的问题，优化变量是 11 幢建筑在同一块基地内的排布方式，每幢建筑的位置都用二维坐标系表示。研究中发现，在解决标准问题时，混合算法比单独的 CMA-ES 或者 HDE 算法表现要好，因为 CMA-ES 算法提供了更快的收敛速度而 HDE 提高了搜索结果的鲁棒性。Futrell 等 [64] 使用粒子群算法与模式搜索法的混合算法对建筑形式和外围护结构的热工参数进行优化，以使供暖、制冷和照明耗能最低。Junghans 和 Darde[65] 分别使用遗传算法、模拟退火算法以及二者的混合算法对两个建筑进行立面设计优化，以使全生命周期成本最低。

3.3　优化算法的效能

3.3.1　最优化问题的属性

建筑性能优化设计问题可能包含的优化设计参数和优化设计目标多种多样，导致优化问题的属性不同。算法效能与优化问题的属性密切相关，为给定建筑性能优化设计问题选择合适的优化算法，首先需要分析优化问题的属性，然后根据其属性选择适宜的优化算法。如表 3–1 所示，根据构成优化问题的要素，建筑性能优化设计问题的属性主要从三个方面进行分析，包括优化变量、目标函数和约束条件。

表 3-1　建筑性能优化设计问题的属性

类别	属性
优化变量	一维、多维、静态、动态、确定性、随机性、连续、不连续、独立、非独立
目标函数	单目标、多目标、定性、定量、计算耗时、计算不耗时、线性、非线性、单峰、多峰、连续、不连续、凸、凹、可微、不可微、可分离、不可分离
约束条件	等式、不等式、线性、非线性、凹、凸、可微、不可微、可分离、不可分离

3.3.1.1　优化变量的属性

1）一维与多维

根据优化变量数目的多少，建筑性能优化设计问题可分为一维或多维优化问题。在建筑性能优化设计中，对优化变量的数目没有严格的限制，不过随着优化变量数目的增多，优化问题的可行解空间呈指数级增长，优化算法的搜索难度增大。若想有效控制优化问题中优化变量的数目，可事先对所有影响优化设计目标的设计变量进行敏感性分析[66]，从中筛选出对优化设计目标影响较大的变量作为最终的优化变量。

2）静态与动态

静态变量是指该变量不仅独立而且不随时间等其他环境因素发生变化，相反，动态变量是指该变量会随时间等因素的变化而改变。

3）确定性与随机性

确定性变量是指每个变量的取值是确定、可知的。随机性变量是指某些变量的取值不是确定的，但可根据大量的数据统计知道该变量服从的概率分布。

4）连续与不连续

优化变量容许值包括整数、实数，以及二者的混合，根据取值类型的不同，优化变量可分为连续变量和不连续变量。取值为实数的优化变量在一定区间内可以任意取值，相邻两个数值间可作无限分割，即可取无限个值，其取值是连续不断的，因此为连续变量。在建筑设计中涉及到尺寸的变量大多为连续变量。相反，取值区间存在间断的变量为不连续变量。不连续变量的特殊情况是离散变量，即变量取值为整数或一系列离散数值，如建筑层数等。在建筑性能优化设计中，需要解决的优化问题中有时既包含连续变量又包含离散变量，这种包含连续和离散两种变量类型的优化问题也被称为混合整数规划问题。一般来说，离散变量会使得优化问题非凸和不连续，增大求解的难度，[67, 68]因此有些学者建议在构造优化问题时，应尽量避免设置离散变量。[69]

5）独立与非独立

根据优化设计变量之间是否相关，可分为独立变量和非独立变量。独立变量是指该变量的改变不会引起其他变量的改变，同时也不会受其他变量的影响；反之非独立变量的值会随其他变量取值的变化而改变，常常是由其他变量构成的表达式。

3.3.1.2 目标函数的属性

1）单目标与多目标

根据优化目标的数目，优化问题可分为单目标优化问题和多目标优化问题。单目标优化问题由于只包含一个目标函数，解决起来相对简单，在建筑性能优化设计中比较常见。而多目标优化问题大多存在两个或两个以上目标函数，求解相对困难。理论上来说，求解多目标优化问题时应使所有优化目标同时达到最优，然而多数情况下不同优化目标之间往往相互冲突，此消彼长，很难同时达到极值。当前，解决多目标优化问题的方法主要有以下三种。

（1）主要目标法：解决多目标优化问题时，可根据问题实际情况，确定一个目标为主要目标，其余目标作为次要目标，然后采用惩罚函数等方法把次要目标转化为约束条件来处理，于是原多目标优化问题就转化为在一定约束条件下的单目标优化问题。[70]

（2）线性加权和法：线性加权和法是按照优化目标的重要程度分别给每个目标函数乘以一个权重系数，然后相加作为一个新的目标函数，[71] 该方法是将多目标优化问题转化成单目标优化问题进行求解，转化公式如下：

$$\min_{x \in X} \sum_{i=1}^{n} w_i f_i(x) \tag{3.1}$$

式中，$f_i(x)$ 为第 i 个目标函数；w_i 为第 i 个目标函数的权重系数；X 为优化问题的可行解空间；n 为目标函数的数目。使用加权和法求解多目标优化问题的缺点在于，一方面很难确定 w_i 的值，因为各目标的度量单位和重要性往往不同，另一方面使用该方法最后只能得到一个最优解，而采用帕累托最优可以获得多个非支配最优解。

（3）帕累托最优：帕累托最优会得到帕累托前沿上多个最优解，每个解都无法在不损害其他优化目标的情况下改进其中任何一个优化目标的值。从帕累托前沿上的多个解中选取特定的解被称为多准则决策。[72]

2）定量与定性

目标函数根据其是否可被定量计算分为定量和定性两种。定性的优化目标（如建筑美学和建筑文化等）不易被量化，对它们的评估往往依靠主观判断，因此存在很多争议。当前，建筑性能优化设计中的优化目标大都是可以被定量计算的，常见的定量计算方法包括计算机模拟法[73]、数学演算法[74]以及实验法[75]等，其中计算机模拟法是建筑性能优化设计中最常用的方法。

3）线性与非线性

在数学上，线性是指方程的解满足线性叠加原理，即方程任意两个解各自乘系数后叠加，仍然是该方程的一个解。若目标函数为线性，则所有优化变量与优化目标之间都是一次函数的关系。除此之外其他类型的目标函数均为非线性。变量间的线性关系相对简单，但自然现象的本质大多是复杂非线性的，建筑性能优化设计中优化问题的目标函数也大多为非线性的。

4）连续与不连续

数学上用极限原理对连续函数给出了严格的定义：若函数 $y=f(x)$ 在 x_0 点附近有定义，且在 x_0 处的左右极限都等于 $f(x_0)$，那么就称函数 $f(x)$ 在点 x_0 处连续；如果函数在定义域 I 内每一点处都连续，则函数 $f(x)$ 在 I 上连续。不连续函数往往存在离散点或间断点。离散点即为孤立点，它与相邻点之间存在一定距离。间断点常见的三种情况是：（1）函数在该点处没有定义，（2）函数在该点处虽有定义但不存在左右极限，（3）函数在该点处虽有定义且极限存在，但极限值不等于函数值。

5）单峰与多峰

单峰函数是指目标函数在可行域内只有唯一的极值点，即唯一的最大值（或最小值）点，并且在该点的左侧函数单调递增（或递减），在该点的右侧函数单调递减（或递增）。相反，若目标函数存在多个极值点，则为多峰函数。多峰函数除了包含至少一个全局最优解，还存在多个局部最优解，其中局部最优解又可以细分为鲁棒解和敏感解。在鲁棒解附近，目标函数值的变化较为平缓，导致某些优化算法在其附近一直来回震荡无法跳脱出来，并认为该局部最优解就是全局最优解。在敏感解附近，变量值的极小变化会导致目标函数值的明显变化，使优化算法有更多机会跳脱出来，继续搜索可行域的其他范围。在寻优过程中如何避免陷入局部最优并搜索到全局最优是优化理论研究的重要课题。

6）凹与凸

函数的凹凸性是定义在可行域的某个子集 I 上的，任取集合 I 内在目标函数上的两点 x_1、x_2 将其连线，如图 3-8 所示，在集合 $[x_1, x_2]$ 内，若连线上所有的点都在原目标函数所有的点上方，则该目标函数在子集 I 内为凸函数。反之，若连线上所有的点都在原目标函数所有的点下方，则为凹函数。函数的凹凸性与存在极大或极小值有关，若函数在可行域的某子集内为凸函数,则存在极小值点,反之若为凹函数,存在极大值点。

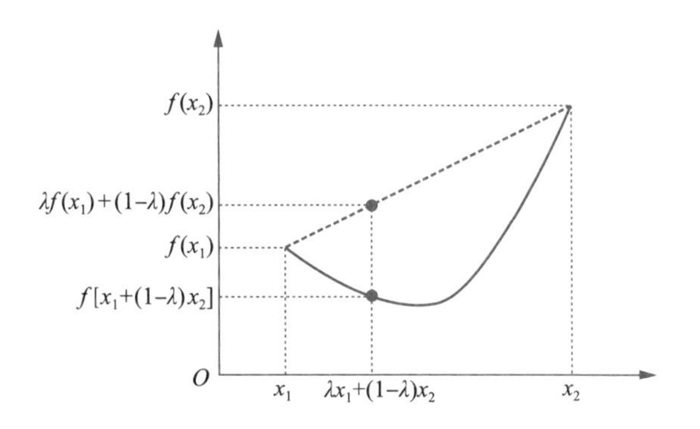

图3-8　凸函数的定义

7）可微与不可微

在数学上,以二元函数为例,对可微函数的定义为: 假设函数$z=f(x, y)$在点P_0的某邻域$U(P_0)$内有定义，对于$U(P_0)$内的点$P(x, y)=(x_0+\Delta x, y_0+\Delta y)$，若函数$f$在点$P_0$的全增量$\Delta z$可表示为：$\Delta z=f(x_0+\Delta x, y_0+\Delta y)-f(x_0, y_0)=A\times\Delta x+B\times\Delta x+o(\rho)$，其中$A$和$B$是仅与点$P_0$有关的常数，$\rho=(\Delta x_2+\Delta y_2)^{\frac{1}{2}}$，$o(\rho)$是$\rho$的高阶无穷小量，则称函数$f$在点$P_0$处可微，并称$A\times\Delta x+B\times\Delta-\Delta x$为函数$f$在$P_0$处的全微分。一般来说若函数在某点处可微，则其在该点处必连续，反过来若函数在某点处连续，却不一定可微。可微与不可微需根据函数具体的表达式进行判断，而在建筑性能优化设计中，目标函数大多是一个“黑箱模型”，无法获知准确的函数表达式，此时利用目标函数可微性进行优化的传统优化方法就不再适用。

8）可分离与不可分离

若包含n个优化变量的目标函数$f(X)$可以表示为n个单变量函数$f_1(x_1)$，$f_2(x_2)$，…，$f_n(x_n)$之和，则称该目标函数$f(X)$是可分离的，否则是不可分离的。若一个优化问题的目标函数和约束条件都是可分离的，就可把该问题分解成多个单变量优化问题分别求解，然后将结果汇总。

3.3.1.3　约束条件的属性

优化问题中是否存在约束条件将直接影响优化方法的选择。约束条件往往是由独立变量和非独立变量组成的方程式，根据该方程式的性质，可将其分为等式与不等式约束、线性与非线性约束、可分离与不可分离约束等，其中对于等式约束一般将其转换为不等式约束来处理[76]。为解决非独立变量的约束问题，大部分优化算法需要操作者将其转化为惩罚或障碍函数，但也有一些优化工具（例如 Matlab 优化工具箱、MOBO[77]、CONLINmethod[78] 等）和优化算法能将其自动分离处理。除此之外，还有些“更高级别”的约束条件，例如著名的“货郎担问题”，要求变量的值为规定的整数，且各个变量的值互不相同。在建筑性能优化设计中，包含独立、非独立变量的普通和 “更高级别” 约束都是不可避免的，也增加了优化问题求解的难度。

约束条件组成了优化问题的可行域（即所有可行解的集合），而可行域又可分为凸集与凹集。凸集是指任取可行域内的两点并连线，连线上的所有点也都在可行域内；若存在某个连线上的点超出可行域的范围，则为凹集。例如由一系列线性约束组成的可行域为凸集，由大量离散点组成的可行域则为凹集。对不同特征的可行域，优化方法的寻优表现也不同。

3.3.2 算法效能的概念

国际上有关建筑性能优化设计的研究中，用来描述优化算法各方面表现的词语有很多，包括 performance、efficiency、effectiveness、ability 等，国内的研究者们也大多将其翻译成“性能”“效率”“效力”“能力”等术语。然而，如此多样的用语常常使人们对算法的理解模糊混乱，因为同样的术语在不同的研究中描述的可能是算法不同方面的表现。例如，efficiency 在某些研究中指算法找到的最优解的质量，而在另一些研究中不仅指代最优解的质量还包括寻优的快慢，甚至在一些研究中指的是整个优化设计过程的效率。

为避免用词混乱，本书借鉴药剂学中药效的概念，提出了优化算法的 “效能”（efficacy）这一概念。药效是指某一药物在用药后对机体产生的药理效应，相似地，优化算法的效能是指优化算法对优化问题的作用，用于表述优化算法在解决建筑性能优化设计问题时的功效或效果，即优化问题得到解决的程度，反映优化算法求解建筑性能优化问题时的表现和能力。

3.3.3 建筑性能优化设计中评价算法效能的指标

3.3.3.1 单目标优化算法的效能评价指标

1）稳定性

优化算法的稳定性（stability）是指在使用同一算法多次求解同一优化问题时，该算法始终能找到相似的最优解的能力，它反映了优化结果的一致性。

对于确定性优化算法来讲，搜索方向和优化过程通常由其数学特征决定的，例如共轭梯度法沿着目标函数的梯度方向搜索。当初始解和算法参数设置不变时，确定性优化算法的寻优路径和最终找到的最优解会保持不变，此时可以认为确定性优化算法的稳定性很好。而对于通过模拟生物或自然现象来指导优化过程的随机性优化算法来讲，它们在搜索过程中通常需要引入随机数，所以尽管初始解和算法参数设置保持不变，此类算法的搜索路径和最终搜索到的最优解仍会因随机数的参与而发生变化，并不能保证始终搜索到相似的最优解，所以稳定性较差。当使用稳定性较差的优化算法时，由于不确定哪一次优化过程得到的结果最好，建筑师不得不尽可能多次重复优化过程，以期得到更好的优化结果，这一过程不仅耗时费力，而且即使如此，建筑师仍然不能确定现有的优化结果是否最接近真实最优解。

为了评价某一算法在求解一个优化问题时的稳定性，首先需要保持初始解和算法参数设置等优化环境不变，然后多次运行该算法，统计每次得到的最优解对应的目标函数值，计算它们的标准差，标准差值越小说明算法的稳定性越好。计算公式如下：

$$ST=\sqrt{\frac{\sum_{i=1}^{n}(M-f_i^*)^2}{n}} \tag{3.2}$$

$$M=\frac{\sum_{i=1}^{n}f_i^*}{n} \tag{3.3}$$

式中，ST 为单目标优化算法的稳定性评价指标；n 为优化算法的运行次数；f_i^* 指算法第 i 次运行得到的最优解对应的目标函数值，ST 值越小则算法的稳定性越好。在图 3-9 中，相同形状的点表示一个算法在每次运行中得到的最优解的目标函数值。由于实线波动比虚线小，即实线上所有点的目标函数值的标准差更小，因此算法 2 的稳定性优于算法 1。

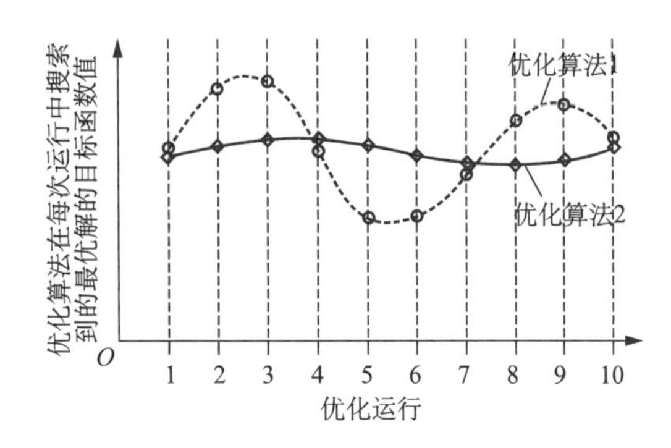

图3-9　两种优化算法的稳定性比较

2）有效性

优化算法的有效性（validity）是指算法最终得到的最优解的质量，它反映了算法找到的最优解与真实最优解的接近程度，二者越接近说明算法找到的最优解的质量越好，该算法的有效性越好。

优化算法的有效性和稳定性是两个紧密联系的指标，好的稳定性是评价算法有效性的前提，可以保证算法在每次运行时都能始终如一地找到相似的最优解，建筑师不需要判断哪一次的运行结果才能代表该算法真实的运行特点，因此可以任意选取某一次优化运行评价该算法的有效性。

优化算法的有效性可以用得到的最优解与真实最优解的接近程度来度量，计算二者的欧几里得距离 $d(X^*, X')$ 及其目标函数值的相对距离 $g(f(X^*), f(X'))$：

$$d(X^*, X') = \sqrt{\sum_{i=1}^{m}\left(\frac{x_i' - x_i^*}{u_k - l_k}\right)^2} \quad (3.4)$$

$$g(f(X^*), f(X')) = \left|\frac{f(X') - f(X^*)}{f(X^*)}\right| \times 100\% \quad (3.5)$$

式中，$X^* = (x_1^*, \cdots, x_n^*)$ 是优化问题的真实最优解；$X' = (x_1', \cdots, x_n')$ 是算法得到的最优解；$f(X^*)$ 和 $f(X')$ 分别是其对应的目标函数值，m 是优化变量的数目，l_i 和 u_i 分别是优化变量 i 的下限和上限。$d(X^*, X')$ 和 $g(f(X^*), f(X'))$ 的值越小，说明算法得到的最优解越接近真实最优解，算法的有效性越好。在图 3-10 中两个算法求解同一个一维函数，算法 1 和算法 2 最终找到的最优解分别是 X_1' 和 X_2'，X^* 表示该函数的真实最优解。从图中可以看出 $\Delta x_2'$ 和 $\Delta f_2'$ 的值较小，X_2' 比 X_1' 更接近 X^*，因此算法 2 的有效性优于算法 1。

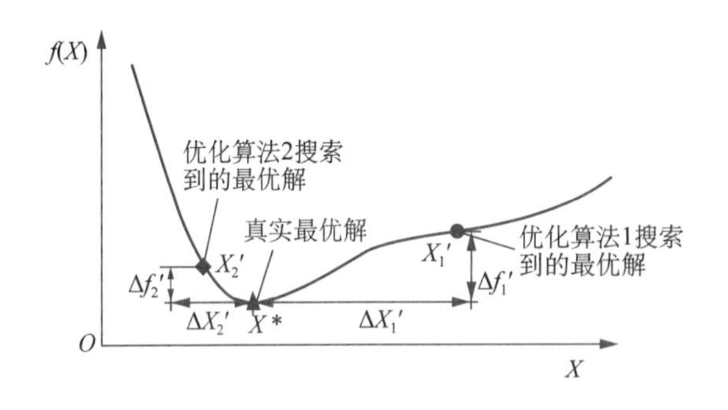

图3-10 两种优化算法的有效性比较

3）速度

优化算法的速度（speed）是指算法在寻优过程中搜索到最优解的快慢。由于建筑性能优化设计问题的复杂性，对建筑能耗进行模拟分析需要耗费一定的时间和资源，而在寻优过程中每一次改变设计方案就要重新计算建筑能耗，此时优化算法的速度就变得极其关键。高速的算法能够在较短的时间里，经过较少次数的设计参数调整，寻找到最优的设计方案，而低速的算法却需要调整更多次设计参数才能完成，二者运行时间的差别有时可以达到一个数量级以上。

优化算法的速度可用算法搜索到最优解时所用的目标函数计算次数来衡量，用符号 *SP* 表示。*SP* 值越小，说明算法的搜索速度越快。图 3–11 展示了两种算法解决同一优化问题时的搜索过程，虽然这两种算法最终都找到了真实最优解，但是算法 1（虚线）在找到最优解时计算了 117 次目标函数，而算法 2（实线）找到其最优解时仅计算了 50 次目标函数，因此在搜索速度方面，算法 2 明显优于算法 1。

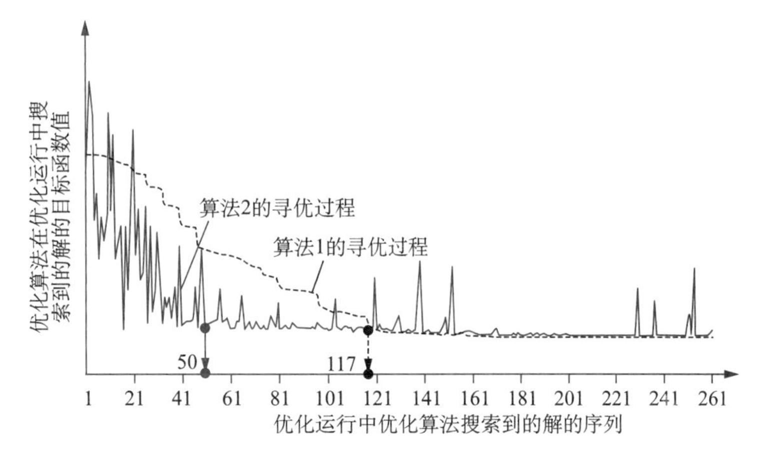

图3–11　两种优化算法的搜索速度比较

4）覆盖性

优化算法的覆盖性（coverage）是指算法在可行解空间进行全局搜索的能力，反映了算法在寻优过程中搜索到的解的多样性和避免陷入局部最优的能力。

如图 3–12 所示，除了全局最优解，目标函数的可行解还存在多种可能性，包括局部最优解、鲁棒解、边界解等，这些特殊解的存在增加了算法在全局范围内搜索最优解的难度，且有可能使算法陷入局部最优的陷阱，而无法搜索到全局最优解。

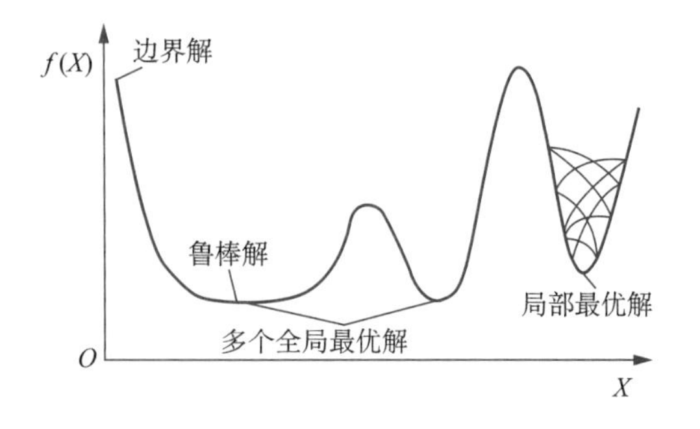

图3–12　目标函数可能包含的解的类型

算法的覆盖性可用其在寻优过程中搜索到的所有解在可行解空间中的分布情况来评价，分布范围越广，说明算法的全局搜索能力越强，覆盖性越好。图 3–13 展示了两种算法在求解同一优化问题时搜索到的所有解在可行解空间内的分布情况，相同形状的点代表同一算法在寻优过程中搜索到的所有解。从该图可以看出，十字形解大多集中在一个区域，可行解空间中的其他区域并没有被搜索到，忽略了可能存在的更好的解。相反，圆形解均匀分布在可行解空间中，说明算法 1 的搜索范围更广，因此在覆盖性方面，算法 1 优于算法 2。

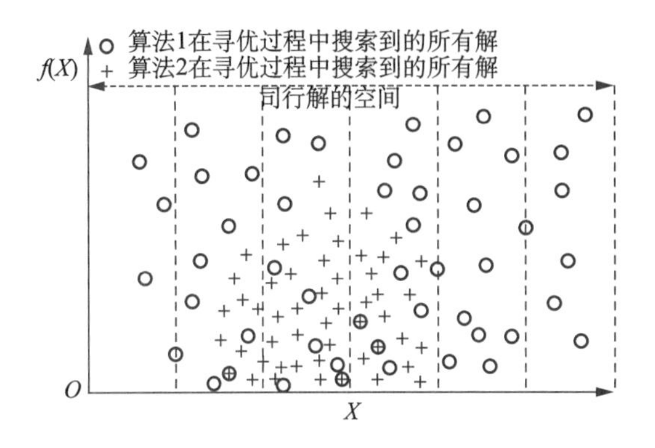

图3-13　两种优化算法的覆盖性比较

定量评价优化算法覆盖性的方法是，首先计算算法在寻优过程中搜索到的所有解在每个分量上的标准差，然后将其相乘，乘积值越大，说明解的分布范围越广，算法的覆盖性越好。计算公式如下：

$$COV = \prod_{i=1}^{m} SD_i \tag{3.6}$$

$$SD_i = \sqrt{\frac{\sum_{j=1}^{m}\left(\frac{\sum_{i=1}^{m} f_{ij}}{m} - f_{ij}\right)^2}{m}} \tag{3.7}$$

COV 为评价优化算法覆盖性的指标，COV 越大，说明算法的覆盖性越好。SD_i 为算法在寻优过程中搜索到的所有解在变量 i 上的标准差，n 为优化变量的数量，f_{ij} 为算法搜索到的第 j 个解的 i 分量的值，m 为算法在整个寻优过程中搜索到的解的总数。

5）鲁棒性

优化算法的鲁棒性（robustness）是指当算法的参数设置发生不同程度的扰动时，该算法始终能找到相似的最优解的能力，反映了算法抵抗外部环境干扰的能力。

优化算法的寻优过程会受算法参数设置的影响，鲁棒性就是用来表征当算法参数设置偏离理想值时，优化结果的变化情况。若一个算法具有良好的鲁棒性，则它的优化结果对算法参数设置不敏感。鲁棒性是一个非常重要的效能指标，因为具有良好鲁棒性的算法可以使建筑师不必过分关注该算法的参数设置，甚至当该算法的参数设置不理想时，它仍能找到令人满意的最优解。

为定量评价某一算法求解一个优化问题时的鲁棒性，需要多次改变算法的控制参数，并统计算法采用不同参数设置时找到的最优解的情况，计算它们的目标函数值的标准差，标准差值越小说明该算法的鲁棒性越好。计算公式如下：

$$RB = \sqrt{\frac{\sum_{i=1}^{n}\left(\frac{\sum_{i=1}^{n} f_i}{n} - f_i\right)^2}{n}} \tag{3.8}$$

式中，*RB* 是评价优化算法鲁棒性的指标；n 是总运行次数；f_i 是第 i 次运行中算法找到的最优解的目标函数值。*RB* 值越小，算法的鲁棒性越好。在图 3–14 中，两个算法用于解决同一优化问题，每个算法都被运行了十次，每次运行都随机改变算法的参数设置。图中相同形状的点代表同一算法在每次运行中找到的最优解的目标函数值,可以看出，算法 2 每次找到的最优解的目标函数值波动较小，因此算法 2 的鲁棒性优于算法 1。

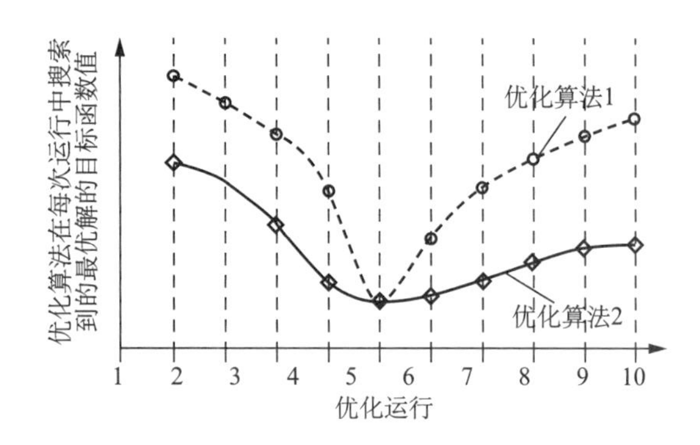

图3–14　两种优化算法的鲁棒性比较

6）收敛性

优化算法的收敛性（locality）是指当算法搜索到最优解附近时，能够尽可能准确地逼近真实最优解的能力，反映了算法在近似最优解周围微调的能力。

理想情况下，优化算法的搜索过程是在初始阶段进行大范围快速的全局搜索，然后在近似最优解附近进行精确的微调。这种搜索过程不仅能保证搜索的多样化，而且能精确地找到全局最优解。实现这种理想搜索过程的一种常见方法是使用混合算法，即首先使用全局搜索算法找到近似最优解，然后以该解为起点，使用局部搜索算法在近似最优解附近进行微调。图 3–15 比较了两种算法在最优解附近的收敛过程，算法 2 的搜索过程震荡剧烈，无法收敛到全局最优解，而算法 1 的搜索过程震荡较小，最终逐步收敛到全局最优解。因此，算法 1 的收敛性优于算法 2。

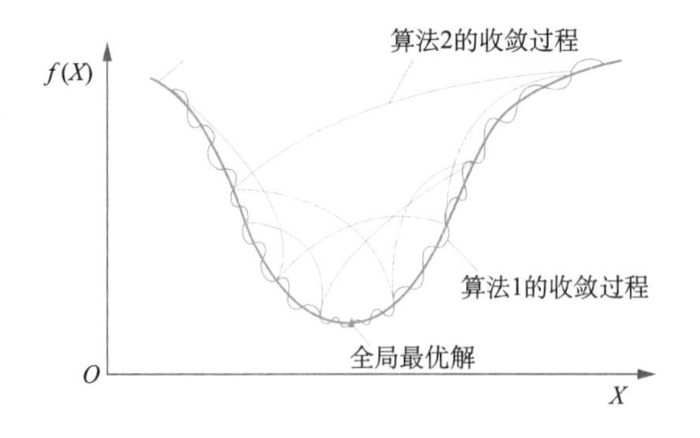

图3-15　两种优化算法的收敛性比较

定量评价优化算法收敛性的方法是：首先确定优化过程的收敛阶段，即从算法找到最优解到终止运行，然后计算该收敛阶段中所有解的目标函数值的标准差，计算公式如下。

$$CON=\sqrt{\frac{\sum_{i=b}^{t}\left(\frac{\sum_{i=b}^{t}f_i}{t-b+1}-f_i\right)^2}{t-b+1}} \tag{3.9}$$

式中，CON 为评价优化算法收敛性的指标，算法搜索到的最优解为整个优化运行的第 b 个解，t 为算法在整个优化运行中搜索到的所有解的数目，f_i 为算法搜索到的第 i 个解的目标函数值。CON 的值越小说明算法的收敛性越好。

3.3.3.2　多目标优化算法的效能评价指标

评价多目标优化算法的效能本质上是评估其生成的帕累托最优集以及所需的时间成本。本节提出效能指标旨在：（1）描绘整个帕累托前沿的特点，例如帕累托前沿上解的数目、多样性、质量等；（2）帮助建筑师了解不同优化设计目标之间的权衡关系；（3）通过比较不同多目标优化算法在各个评价指标上的表现，帮助建筑师选择合适的优化算法。值得一提的是，因为使用多目标优化算法的最重要目的是观察目标之间的相互权衡关系，所以本节介绍的所有评价指标都是在目标空间中评价算法的效能，而不是在决策空间。此外，为了消除不同优化设计目标之间的单位差异，首先需要使用最大最小归一化方法将帕累托解的每个目标矢量转换为标准化值，如式（3.10），然后在此标准化值的基础上计算各个评价指标的值。

$$F_i^j=\frac{f_i^j-f_{\min}^j}{f_{\max}^j-f_{\min}^j} \tag{3.10}$$

式中，F_i^j 和 f_i^j 分别是帕累托前沿上的第 i 个解对应的第 j 个目标的标准化值和实际值。$f_{\max}^j$ 和 $f_{\min}^j$ 是算法在寻优过程中得到的第 j 个目标的实际最大值和最小值。

1）帕累托最优集的规模

帕累托最优集的规模是指帕累托最优集中包含的解的数量，用符号 *Size* 来表示。理想情况下，如果一个优化问题中存在连续的优化变量，则真实的帕累托最优集应包含无限数量的帕累托解。然而，找出全部的帕累托解在计算上是不可行的，多目标优化算法通常只能找到有限数量的帕累托解，此时帕累托最优集的规模相当重要，因为它直接决定了可提供给建筑师选择的候选解的数量。此外，它也反映了多目标优化算法寻找非支配解的能力，得到的帕累托最优集的规模越大，说明算法搜索非支配解的能力越强。

2）帕累托解的多样性

帕累托解的多样性指的是解在帕累托前沿上的分布情况。如上所述，多目标优化算法得到的帕累托解的数量不是无限的，因此保证解的多样性至关重要，不仅能尽量准确地刻画出真实的帕累托前沿，也可以在最大程度上避免失去潜在的更好的解。在图 3-16 中，图（b）和（c）中的帕累托解大多聚集在某一区域，多样性很差，而图（a）中的帕累托解均匀分布在帕累托前沿上，多样性较好。一般来讲，具有良好多样性的帕累托解应尽可能在整个帕累托前沿上均匀分布。

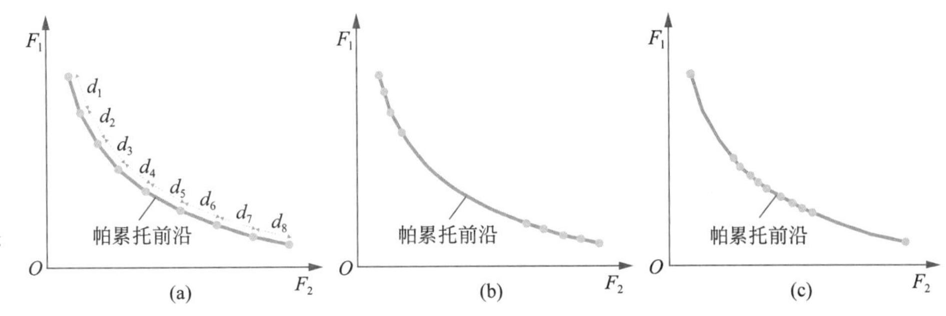

图3-16 帕累托解在帕累托前沿上的不同分布情况

为定量评价帕累托前沿上解的多样性，可以使用标准化间距度量法（Nomalized Spacing Metric）考察解在帕累托前沿上的分布情况。首先，计算帕累托前沿上任意两个相邻解之间的欧几里得距离 d_i，见式（3.11），然后计算所有欧几里得距离的平均值 $\bar{d}$，见式（3.12），再计算所有 d_i 与 $\bar{d}$ 差值的平均值 DS，见式（3.13），最后用 DS 除以所有欧几里得距离的总和即为标准化间距度量指标 SS，见式（3.14）。详细的计算公式如下：

$$d_i=\sqrt{\sum_{j=1}^{m}\left(F_i^j-F_{i+1}^j\right)^2} \tag{3.11}$$

$$\bar{d}=\frac{\sum_i^{n-1} d_i}{n-1} \tag{3.12}$$

$$DS=\frac{\sum_i^{n-1} |d_i-\bar{d}\,|}{n-1} \tag{3.13}$$

$$SS=\frac{DS}{(n-1)\bar{d}} \tag{3.14}$$

式中，SS 为评价帕累托解多样性的指标；d_i 为帕累托前沿上相邻两个解 i 和 i+1 之间的标准化欧几里得距离，其中 i=1，…，n–1；d 为所有 d_i 的平均值；DS 是所有 d_i 与 $\bar{d}$ 差值的平均值；n 为帕累托前沿上解的数目；m 为优化设计目标的数目；F_i^j 和 F_{i+1}^j 为帕累托前沿上相邻两个解 i 和 i+1 在第 j 个优化设计目标上的标准化值，可由式（3.10）计算得到。SS 的值越小，表明帕累托前沿上解的分布越均匀，帕累托解的多样性越好。

3）与真实或参考帕累托前沿的接近程度

单目标优化的目的是使得到的唯一最优解尽可能地接近全局最优解，与之类似，多目标优化也是希望最终得到的帕累托前沿尽可能地接近真实帕累托前沿。在大多数情况下，真实帕累托前沿无法事先获知，此时可以使用参考帕累托前沿替代真实帕累托前沿。首先尽可能多次地运行优化过程，然后将每次得到的帕累托解进行汇总，从中筛选出参考帕累托前沿。

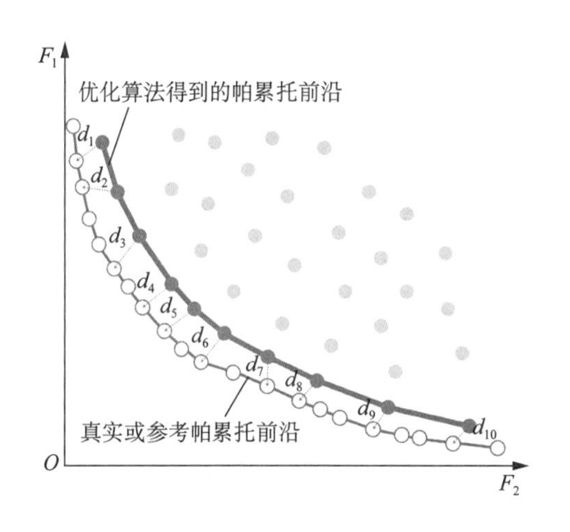

图3–17　与真实或参考帕累托前沿的接近程度

如图 3–17 所示，本书采用标准化世代距离法（Normalized Generational Distance）来定量计算得到的帕累托前沿与真实或参考帕累托前沿的接近程度。首先计算每个帕累托解与真实或参考帕累托前沿上距离最近的解的欧氏距离，见式（3.15），然后计算所有距离的均方根，见式（3.16）。相应的计算公式如下：

$$l_i=\min_{k\in\{1,\cdots,p\}}\sqrt{\sum_{j=1}^{m}\left(F_i^j-F_k^{*j}\right)^2} \tag{3.15}$$

$$SGD=\sqrt{\frac{\sum_{i=1}^{n}l_i^2}{n}} \tag{3.16}$$

式中，i 为算法得到的帕累托前沿上的解，解 k 为真实或参考帕累托前

沿上与解 i 距离最近的解，l_i 为解 i 和解 k 之间的标准化欧几里得距离；SGD 为所有 l_i 的均方根，其中 i=1，…，n；p 为真实或参考帕累托前沿上解的数目；n 为算法得到的帕累托前沿上解的数目；m 为优化设计目标的数目。SGD 值越小表明算法得到的帕累托前沿越接近真实或参考帕累托前沿。

4）帕累托最优集中最佳解的质量

从理论上讲，帕累托前沿上的每个解都是可取的，因为它们都无法在不损害其他优化目标的情况下改进其中任何一个优化目标的值。但在实际应用中，建筑师通常需要从帕累托最优集中选择唯一解决方案应用于实践，此时就需要从所有帕累托解中选出一个质量最佳的解。在单目标优化中易于比较解的质量，因为每个解仅对应一个目标值，而多目标优化则需要同时比较多个目标值，此时需要进行多目标决策。多目标决策是对多个相互矛盾的目标进行科学合理地选优，然后做出决策的理论和方法。[79] 用于多目标决策的方法有很多，包括 Weighted Sum Model（WSM）[80]、Multi-Attribute Utility Theory（MAUT）[81]、Analytic Hierarchy Process（AHP）[82]、Elimination Et Choice Translating Reality（ELECTRE）[83] 以及 Technique for Order of Preference by Similarity to Ideal Solution（TOPSIS）[84] 等。其中，WSM 方法是最为人熟知且最简单的，本文也使用该方法从帕累托最优集选出最佳解。如果有 n 个帕累托解和 m 个优化设计目标，在最小化的情况下，帕累托最优集中的最佳解应满足以下表达式：

$$R^*_{WSM\text{-}score}=\min_{i\in\{1,\cdots,n\}}\sum_{j=1}^{m}w_jF_i^j \tag{3.17}$$

式中，$R^*_{WSM\text{-}score}$ 是帕累托前沿上最佳解的加权总和得分，在帕累托前沿上的所有解中，加权总得分最小的解为最佳解；F_i^j 是帕累托前沿上第 i 个解在第 j 个目标分量上的标准化值；$w_j \geqslant 0$ 是第 j 个优化设计目标的权重，反映该优化设计目标的重要性。图 3-18 展示了在二维目标空间使用 WSM 方法寻找帕累托前沿上最佳解的过程。

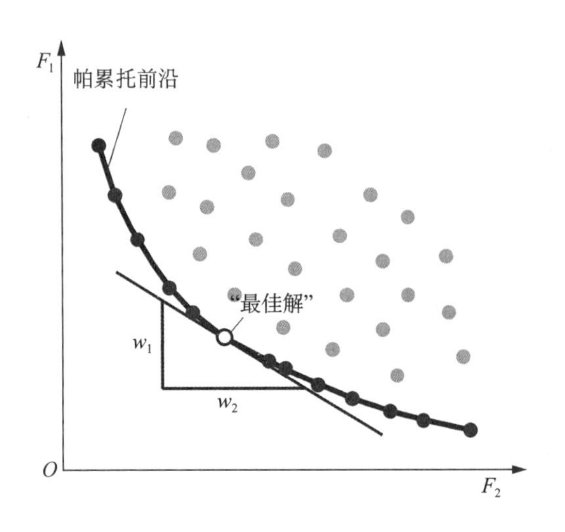

图3-18　使用WSM从帕累托前沿上选择最佳解

5）收敛速度

收敛速度是多目标优化算法的一个重要效能指标。单目标优化算法有两个相互冲突的效能指标：速度和覆盖性。与之类似，多目标优化算法也有两个相互冲突的效能指标：收敛速度和帕累托解多样性。如果一个多目标优化算法收敛过快，会导致该算法无法更大范围地搜索解空间，最终得到的帕累托解多样性较差。相反，如果要多目标优化算法尽可能地搜索到更多样的解，则需要花费更长时间在可行解空间的更大范围内搜索，导致算法的收敛速度较慢，整个优化运行的时间较长。因此，在评估多目标优化算法的效能时，不仅需要评估帕累托解多样性，还需要评估其收敛到帕累托最优集的速度。

本书中，多目标优化算法的收敛速度可以用算法找到帕累托前沿上最佳解时所用的目标函数计算次数来度量，用符号 *Conv* 表示。*Conv* 的值越小，说明算法收敛速度越快。图 3–19 展示了两个多目标算法在求解同一优化问题时的搜索过程，算法 2 在第 27 次计算目标函数时找到了帕累托前沿上的最佳解，而算法 1 在第 123 次计算目标函数时才找到。因此，算法 2 在收敛速度方面优于算法 1。

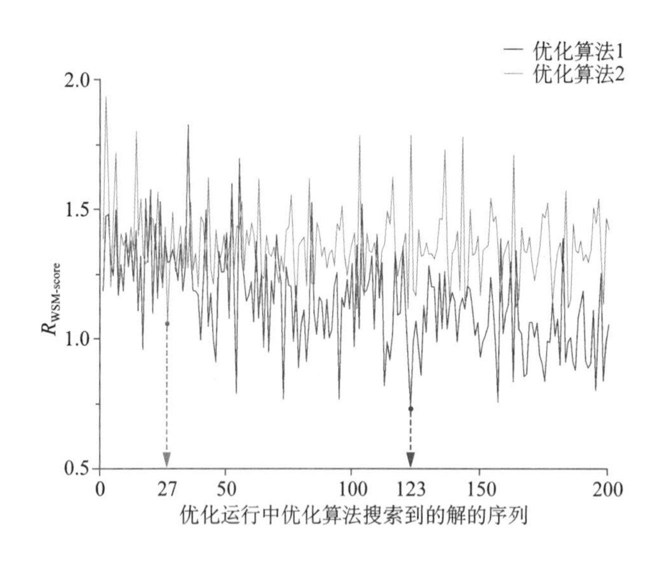

图3–19　两个多目标优化算法的收敛速度比较

6）综合效能

在某些情况下，用户可能不会偏向多目标优化算法的某个效能评价指标，而是希望将所有效能评价指标综合在一起比较不同算法的整体效能，此时可采用归一化加权和法进行计算。首先得到不同算法在各个效能指标上的最大值和最小值，然后使用最大最小归一化方法对每个效能指标的数值进行标准化；其次，给每个效能指标赋予一个权重值，代表该效能指标的重要性；最后，将所有效能指标与权重值的乘积相加，得到该算法的综合效能指标 *OP* 的值，计算公式见式（3.18）。

值得注意的是,每个效能指标的权重主要由用户根据自身情况而确定。例如，如果用户需要多目标优化算法快速收敛到帕累托最优集，则收敛速度比其他效能指标更重要，应该被赋予更大的权重值。

$$OP_i=w_2\frac{SS_i-SS_{\min}}{SS_{\max}-SS_{\min}}+w_3\frac{SGD_i-SGD_{\min}}{SGD_{\max}-SGD_{\min}}+ w_4\frac{R^*_{WSM-score_i}-R^*_{WSM-score\min}}{R^*_{WSM-score\max}-R^*_{WSM-score\min}}+w_5\frac{Conv_i-Conv_{\min}}{Conv_{\max}-Conv_{\min}}- w_1\frac{Size_i-Size_{\min}}{Size_{\max}-Size_{\min}} \quad (3.18)$$

式中，OP_i 为多目标优化算法 i 的综合效能；$Size_i$ 为评价帕累托最优集规模的指标，w_1 为其权重值；SS_i 为评价帕累托解多样性的指标，w_2 为其权重值；SGD_i 为评价帕累托前沿与真实或参考帕累托前沿接近程度的指标，w_3 为其权重值；$R^*_{WSM-score_i}$ 是帕累托前沿上最佳解的加权总和得分，是用于评价最佳解质量的指标，w_4 为其权重值；$Conv_i$ 为算法 i 搜索到最佳解时所用的目标函数计算次数，是用于评价收敛速度的指标，w_5 为其权重值。OP 值越小，表示多目标优化算法的综合效能越好。

3.3.4 优化算法的失效性

3.3.4.1 优化算法失效性的概念

尽管应用于建筑性能优化设计中的优化算法多种多样，却并不存在一种通用的、可以解决所有优化问题的算法。同样，并非所有的算法在解决某一给定优化问题时的效能表现都很好，有些算法可能会失效。关注算法的失效性、分析导致算法失效的原因可以帮助建筑师避免选择失效的算法。

对一个给定的建筑性能优化设计问题，如果一个算法能够在规定时间内，始终可靠地找到令人满意的最优解，则该算法被认为可以有效地求解该优化问题。因此，有效的优化算法应同时满足三条标准：（1）能够找到满意解；（2）能够在规定时间内完成优化过程；（3）具有良好的可靠性。如果一个算法不满足这三条标准中的任意一条，则被认为失效。

对给定的优化问题，如果一个算法得到的最优解的质量满足用户的精度要求，则该最优解被认为是满意解。最优解的质量可以通过计算它与真实最优解之间目标函数值的相对差来度量，计算公式如下：

$$\delta=\frac{|f'-f^*|}{f^*}\times100\% \quad (3.19)$$

其中，f' 是算法得到的最优解的目标函数值，f^* 是真实最优解的目标函数值（在某些情况下可以通过遍历搜索得到）。值得注意的是，很多时候我们无法获知优化问题的真实最优解，此时用户可指定一个基准解以代替真实最优解，然后使用式（3.19）计算算法得到的最优解与基准解之间目标函数值的相对差。为判定算法得到的最优解是满意解，需将计算出的 δ 值应与用户指定的精度值 δ^* 相比较，若 δ 大于 δ^*，说明最优解的质量不佳，算法没能找到满意解，该算法失效。

由于计算时间和计算资源的限制，一个优化过程必须在某个时刻停止，不能无限地运行下去。为确保优化过程的可行性，优化算法必须能够在有限时间内找到满意解，如果寻优速度过慢导致未能在规定时间内找到满意解，则该算法被认为是失效的。

良好的可靠性是指当使用某一算法多次求解同一优化问题时，算法始终能够在规定时间内找到满意解。算法的可靠性可以使用优化运行的成功率来度量。特别地，成功的优化运行是指算法在有限时间内找到满意解的运行，而成功率则指算法在多次运行中成功的优化运行次数占总运行次数的比例，计算公式如下：

$$\beta = \frac{N_{success}}{N_{total}} \times 100\% \tag{3.20}$$

其中，$N_{success}$ 是指成功的优化运行次数，N_{total} 是指优化运行总次数。在概率论中，发生概率很小的事件被称为小概率事件。小概率事件在一次试验中几乎不可能发生，但在多次重复试验中是必然发生的。具体概率小到何种程度才算小概率，概率论中并没有具体的规定，而是指出不同的场合有不同的标准。一般情况下，若事件发生的概率在 1% 或 5% 或 10% 以下，则称之为小概率事件，而这三个值也被称为小概率标准。若采用 5% 和 10% 这两个概率值划分不同的可靠性水平，则当 $1-\beta \leqslant 5\%$ 时，认为算法的可靠性很好；当 $5\% < 1-\beta \leqslant 10\%$ 时，认为算法的可靠性一般；当 $1-\beta > 10\%$ 时，算法的可靠性很差，该算法可被认为求解给定的优化问题时失效。

3.3.4.2 优化算法失效的典型情况

本节将详细分析建筑性能优化设计中优化算法失效的五种典型情况。在这些情况中，算法至少不满足上节所述三条标准中的一条。

1）陷入局部最优

建筑性能优化设计中，导致算法失效的一种可能情况是算法陷入局部最优陷阱。优化问题的局部最优解是指在解空间的一定范围或区域内最优，而全局最优解则是在整个解空间中最优。图 3-20 所示为某一维优化问题的目标函数，全局最优解位于点 O，此外还存在两个局

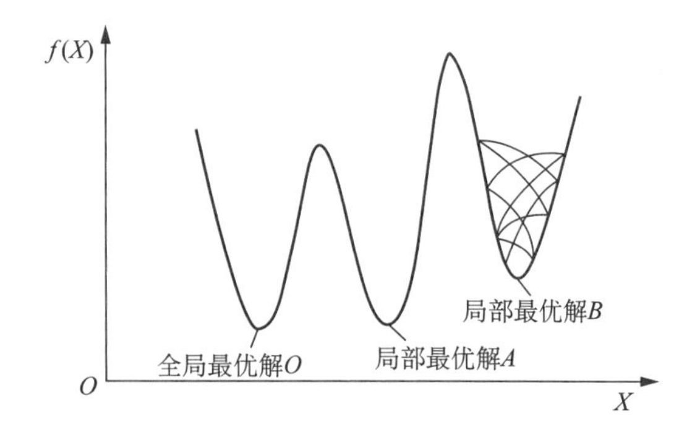

图3-20 陷入局部最优导致优化算法失效的情况

部最优解 A 和 B。如果某一算法无法跳出局部最优陷阱，最终将 B 点当作全局最优解，则该算法被认为失效，因为 B 点与 O 点的目标函数值相差太大，不满足用户的精度要求。如果某优化算法最终搜索到A点，则该算法可以被认为是有效的，因为 A 点虽然是局部最优解，但它的目标函数值与点 O 非常接近。当二者目标函数值的差异足够小且满足用户的精度要求时，A 点是令人满意的次优解。

在建筑性能优化设计中，除了优化问题本身的多峰属性有可能导致算法陷入局部最优外，其他因素还包括优化算法的参数设置、初始解的选择、优化变量的数目等。

2）寻优速度过慢

在建筑性能优化设计中，算法寻优速度太慢会导致在运行终止之前无法找到满意解，造成算法失效。图 3-21 展示了某一算法的寻优过程，给定的运行时间限制为最多进行 300 次建筑能耗模拟，但是由于该算法的搜索速度太慢，在 300 次模拟中未能找到满意解，而是在第 558 次模拟时才找到，所需要的运行时间大大超出了给定的时间限制，该算法被认为失效。

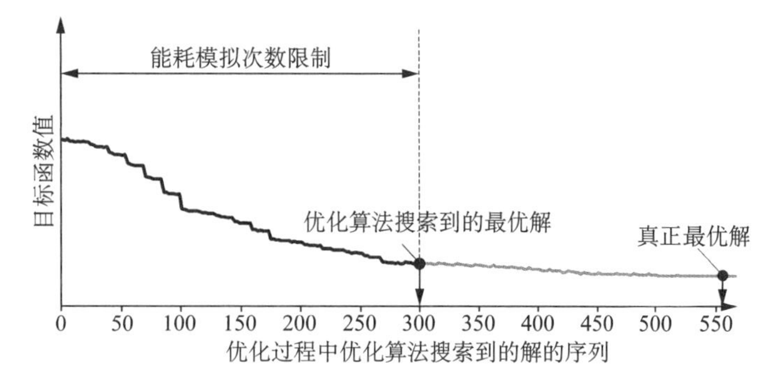

图3-21 搜索速度太慢导致优化算法失效的情况

在建筑性能优化设计中，许多因素会使算法的搜索过程减速，并最终导致其失效，包括算法参数设置、初始解的选择、优化问题的复杂程度等。

3）优化结果不收敛

如图 3–22 所示，如果算法在整个寻优过程中始终保持大步长的全局搜索却未能在近似最优解附近展开微调，则该算法最终得到的最优解可能无法满足用户的精度要求，导致算法失效。

在建筑性能优化设计中，可能导致优化结果不收敛的因素有很多。其中一个因素是不恰当的算法参数设置。例如，遗传算法的控制参数包括选择算子、交叉算子、变异算子、种群规模、迭代次数等，如果遗传算法的变异概率设置很大，会导致其全局搜索能力过强而收敛能力较弱，可能由于无法收敛到满足精度要求的解而导致算法效。

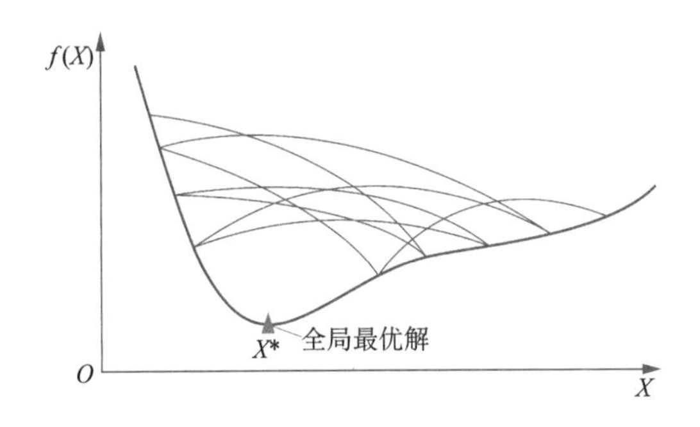

图3–22 优化结果不收敛导致优化算法失效的情况

4）优化过程异常终止

如图 3–23 所示，算法失效的另一个典型情况是在满足预定的终止准则前，优化过程突然异常终止。如果在终止运行之前没能找到满意解，则该算法失效。

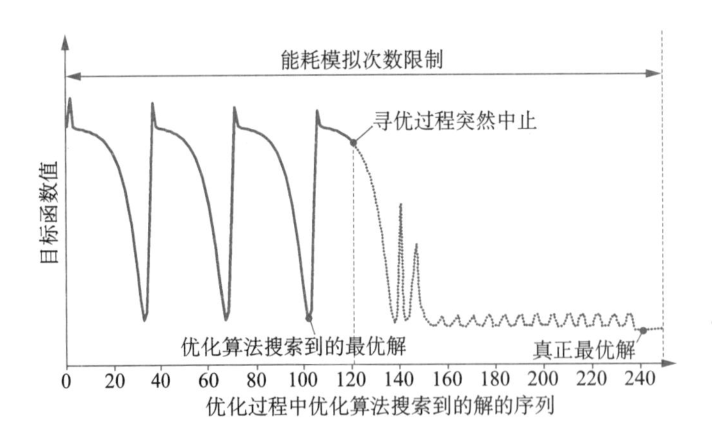

图3–23 优化过程异常终止导致优化算法失效的情况

在建筑性能优化设计中，导致优化过程异常终止的原因有很多，包括意外的运行错误、不恰当的算法参数设置等。例如当优化问题中涉及整数或离散优化变量时，目标函数不连续。有研究显示，即使所有优化变量都是连续的，有些建筑能耗模拟引擎（如 EnergyPlus）自身的迭代计算算法和数值近似原理也会导致目标函数存在间断。[85] 若使用要求目标函数可导的算法求解此类优化问题，则优化过程在遇到间断点时可能会终止，算法由于未能找到满意解而失效。

5）低可靠性

图 3–24 展示了不同算法在求解同一优化问题时的可靠性情况，具有相同形状的点表示同一算法在每次运行中得到的最优解。如图所示，所有的三角形解都集中在满意解的范围内，说明算法 2 的可靠性较好；算法 1 的圆形解互相差别很大，且只有极少数解位于满意解范围内；尽管十字形解彼此很接近，意味着算法 3 能够稳定地得到相似的最优解，但这些解都远离满意解的范围，解的质量较差。因此，算法 1 和算法 3 的可靠性很差，它们被认为在求解该优化问题时失效。

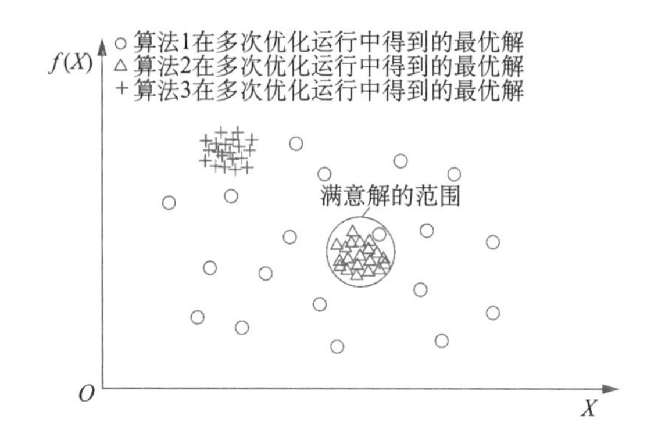

图3–24　优化算法的三种可靠性

在建筑性能优化设计中，可能导致算法可靠性差的因素有很多，包括算法参数设置、初始解的选择等。

3.3.4.3　优化算法失效的原因

总的来讲，可能导致优化算法失效的主要因素包括优化问题的属性、算法参数设置和初始解的选取等。

1）优化问题的属性

建筑性能优化设计问题可能包含的属性多种多样，而某些属性可能会给算法的寻优过程造成困难，甚至导致算法失效。例如，多峰的优化问题会包含一个或多个局部最优解，局部最优解会阻碍算法在全局范围内搜索，特别是当局部最优解的目标函数值与真实最优解较为接近时，更有迷惑性，容易让算法误以为搜索到了全局最优解，从而不再搜索可行解空间的其他区域，导致算法没能找到满意解，算法失效。另外，当优化问题的维数（即优化变量的数目）较多时，也会造成优化算法寻优困难，导致算法失效。因为随着优化变量数目的增加，可行解空间也呈指数级增长，优化算法需要搜索的范围更大，在给定时间内从中找到全局最优解的难度也更大。特别是当某些算法的搜索速度较慢时，很难在有限时间内找到满意解，从而导致算法失效。此外，优化变量或目标函数的不连续属性也会导致某些算法失效。比如代数法是通过计算目标函数的一阶、二阶导数以及函数的解析性质来求出解的搜索方向，因而要求优化变量及目标函数是连续可导的，而当优化问题不连续或不可导时就会导致代数法失效。另外，优化设计目标的数目也会给优化问题的求解造成困难。与单目标优化不同，多目标优化需要同时考虑多个设计目标,努力使所有设计目标同时达到最优，然而在很多情况下不同优化设计目标之间相互冲突，此消彼长，改进其中一个优化设计目标往往需要以牺牲其他目标为代价，很难使所有优化设计目标同时达到极值，只能尽力协调折中各个目标，使它们尽可能地达到最优。因此，与单目标优化相比，多目标优化更加困难。

2）算法的参数设置

优化算法的寻优过程会受算法参数设置的影响，前文提出了鲁棒性指标来评价优化结果对算法参数设置的敏感性，具有良好鲁棒性的算法，对其参数设置不敏感，甚至在算法参数设置不理想的情况下，该算法仍能在有限时间内找到满意解。然而，如果某算法的鲁棒性较差，其效能会随着参数设置的不同而变化，当算法参数设置偏离理想值时，就可能导致算法失效。针对鲁棒性差的优化算法，需要精心设置算法参数，努力寻找适合特定优化问题的最佳参数设置。目前最常用的设置算法参数的方法是循环试错法，但是这种方法并不能保证最终所选择的参数设置是准确的，而且耗费大量人力和时间。

3）初始解的选取

优化运行中初始解的选取也会影响某些优化算法的效能，选取不当时甚至会导致算法失效。具有多峰属性的优化问题可能包含多个局部最优解，当初始解位于局部最优解附近时，可能会使算法直接在局部最优解附近搜索，将局部最优解当作全局最优解，由于没有搜索其他解空间，从而未能发现更好的解，导致算法失效。初始解的选取对基于种群的优化算法（例如遗传算法、粒子群算法等）的效能影响较小,但对从单个初始解出发进行寻优的直接搜索算法的效能影响较大，此时需要分析优化问题属性，仔细选择初始解和适宜的优化算法，避免使用失效的算法。

3.4 建筑性能优化设计中适宜优化算法推荐

在建筑性能优化设计的技术流程中，优化算法有着举足轻重的作用，它驱动整个技术流程的运行，自动调整设计参数并生成新的设计方案，按照既定的路线智能地寻找满足设计目标的最优设计方案。优化算法对于建性能优化设计的作用就好比航空发动机之于飞机的作用，是成败的关键。因此，在进行建筑性能优化设计时，选择合适的优化算法至关重要。算法如果选择不当，可能降低设计效率，无法寻找到最优的设计方案，甚至会导致整个设计过程的失败。但是，由于专业知识的壁垒和其他原因，建筑学领域目前仅停留在不加区别地使用常见优化算法进行性能优化设计的阶段，对于算法效能如何知之甚少，更无法避免代价高昂的优化失败。本节以 DOE 商业建筑标准模型中的中型办公建筑为标准建筑，构造了若干不同属性的标准优化问题，并评价几种常用算法求解这些标准优化问题时的效能，最终总结根据优化问题属性选择适宜算法的建议。

3.4.1 标准建筑模型

DOE 商业建筑标准模型是由美国能源部、美国国家可再生能源实验室、西北太平洋国家实验室以及劳伦斯伯克利国家实验室共同研发，旨在使这些模型尽可能代表本国商业建筑真实的建筑特点和建造实践，为建筑节能领域的相关研究提供相同的出发点。以 DOE 商业建筑标准模型中的中型办公建筑为标准建筑，如图 3–25 所示，该建筑是一栋 3 层长方形建筑，长宽比为 1.5：1，总建筑面积为 4 982 m^2，层高为 4 m。每个立面上都有三个外窗，且外窗都沿着立面的长边延展。DOE 的原始模型中，外立面上没有任何遮阳设施，但为了优化遮阳构件的尺寸，作者给每个外窗都添加了水平遮阳。建筑内每层的热工分区情况如图 3–26 所示，每层都有 5 个热工分区，包含 4 个周边区和 1 个核心区。

图 3–25 改进的 DOE 中型办公建筑模型

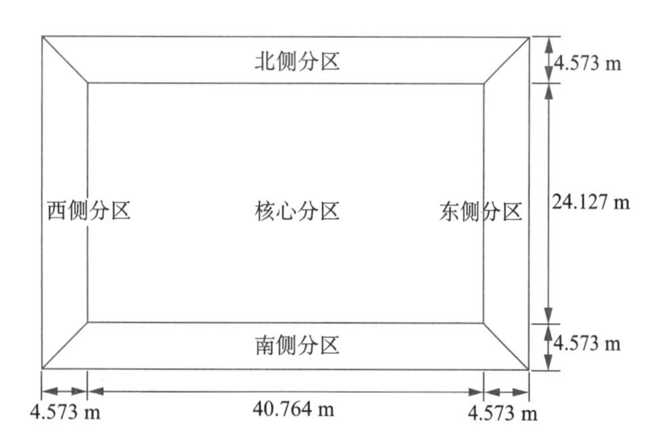

图 3–26 标准建筑每一层的热工分区情况

3.4.2 标准优化问题

3.4.2.1 标准优化目标

能耗是建筑性能中最重要的内容，以能耗为优化目标研究算法效能得出的结论对其他性能的优化设计同样有重要参考价值。本节的优化目标为全年建筑能耗（Annual Energy Consumption，AEC），即单位面积的空气调节房间在一年中的运行总能耗，单位为 kWh/m^2，包括供暖、供冷、室内照明、室外照明、室内电器、HVAC 系统以及生活热水的耗能。消耗的能源类型包括天然气（供暖和生活热水）和电能（供暖、供冷、室内照明、室外照明、室内电器、HVAC 系统）。最终消耗的天然气能源也被折算为电能统一计量。AEC 具体的计算公式如下：

$$AEC=\frac{1}{A}\left(Q_c+Q_h+Q_{il}+Q_{ol}+Q_e+Q_{HVAC}+Q_w\right) \tag{3.21}$$

式中，Q_c 为 HVAC 系统给室内提供的冷量；Q_h 为 HVAC 系统给室内提供的热量；Q_{il} 为室内照明消耗的能量；Q_{ol} 为室外照明消耗的能量；Q_e 为室内电器消耗的能量；Q_{HVAC} 为 HVAC 系统消耗的能量；Q_w 为提供生活热水消耗的能量，A 为空气调节房间的面积。

3.4.2.2 标准优化设计变量

表 3-2 列出了标准建筑中对全年建筑能耗有影响且可被优化的设计变量，包括它们的符号、单位、取值类型、取值范围等。其中，建筑朝向为连续变量，该变量主要通过影响室内采光水平和建筑立面上的太阳得热而影响能耗。室内制冷和供暖设定温度为离散变量，离散步长为 0.5 ℃，它们会影响室内冷热负荷、HVAC 等设备系统的能耗。通过建筑围护结构的热量是建筑的主要得热或失热量，表 3-2 共包含了 10 个有关不透明围护结构热工性能的连续变量，包括各个朝向外墙和屋顶的保温层厚度和保温层传热系数。外窗通常是外围护结构保温隔热最薄弱的部分，并决定了室内采光水平和与外部视线的连通，相关设计变量为各个立面上窗口的尺寸和窗户的热工性能（包括 U 值和太阳得热系数，SHGC）。为了方便定义窗口的大小，仅改变外窗上边沿位置，外窗下边沿始终距离楼面 0.9 m。此外，外窗的长度保持与外墙长度相同，且同一立面上的窗户大小相等。如图 3-25 所示，沿着窗户的上边沿设置水平遮阳板，遮阳板的深度及透射率会影响进入建筑的光和热量。

表 3-2　标准建筑的优化设计变量

变量类别	设计变量	变量符号	单位	取值类型	取值范围	步长	基准值 xb
建筑朝向	建筑方位角	x_1	°	连续	[0, 360)	0	0
室内设计参数	制冷设定温度	x_2	℃	离散	[22, 29]	0.5	24
	供暖设定温度	x_3	℃	离散	[15, 22]	0.5	21

（续表）

变量类别	设计变量	变量符号	单位	取值类型	取值范围	步长	基准值 xb
屋面保温隔热性能	屋面保温层传热系数	x_4	W/（m·K）	连续	[0.03, 0.06]	0	0.049
	屋面保温层厚度	x_5	m	连续	[0.01, 0.15]	0	0.126
外墙保温层传热系数	南墙保温层传热系数	x_6	W/（m·K）	连续	[0.03, 0.06]	0	0.049
	东墙保温层传热系数	x_7	W/（m·K）	连续	[0.03, 0.06]	0	0.049
	北墙保温层传热系数	x_8	W/（m·K）	连续	[0.03, 0.06]	0	0.049
	西墙保温层传热系数	x_9	W/（m·K）	连续	[0.03, 0.06]	0	0.049
外墙保温层厚度	南墙保温层厚度	x_{10}	m	连续	[0.01, 0.15]	0	0.036
	东墙保温层厚度	x_{11}	m	连续	[0.01, 0.15]	0	0.036
	北墙保温层厚度	x_{12}	m	连续	[0.01, 0.15]	0	0.036
	西墙保温层厚度	x_{13}	m	连续	[0.01, 0.15]	0	0.036
外窗大小	南向外窗上边沿位置	x_{14}	m	连续	[1, 2.7]	0	2.5
	东向外窗上边沿位置	x_{15}	m	连续	[1, 2.7]	0	2.5
	北向外窗上边沿位置	x_{16}	m	连续	[1, 2.7]	0	2.5
	西向外窗上边沿位置	x_{17}	m	连续	[1, 2.7]	0	2.5
外窗 U 值	南向外窗 U 值	x_{18}	W/（m^2·K）	连续	[1, 7]	0	3.25
	东向外窗 U 值	x_{19}	W/（m^2·K）	连续	[1, 7]	0	3.25
	北向外窗 U 值	x_{20}	W/（m^2·K）	连续	[1, 7]	0	3.25
	西向外窗 U 值	x_{21}	W/（m^2·K）	连续	[1, 7]	0	3.25
外窗太阳得热系数（SHGC）	南向外窗 SHGC 值	x_{22}	—	连续	[0.1, 0.9]	0	0.39
	东向外窗 SHGC 值	x_{23}	—	连续	[0.1, 0.9]	0	0.39
	北向外窗 SHGC 值	x_{24}	—	连续	[0.1, 0.9]	0	0.39
	西向外窗 SHGC 值	x_{25}	—	连续	[0.1, 0.9]	0	0.39
水平遮阳板	南向遮阳板悬挑深度	x_{26}	m	连续	[0.02, 2]	0	1.0
	东向遮阳板悬挑深度	x_{27}	m	连续	[0.02, 2]	0	1.0
	北向遮阳板悬挑深度	x_{28}	m	连续	[0.02, 2]	0	1.0
	西向遮阳板悬挑深度	x_{29}	m	连续	[0.02, 2]	0	1.0
	遮阳板透光率	x_{30}	—	连续	[0, 1]	0	0.0

3.4.3 基于优化问题属性选择适宜算法的建议

采用数值法可获得各个优化设计变量与优化目标之间的关系曲线，便捷地判断出优化问题的属性。如图 3–27 所示，当优化设计变量为空调制冷设定温度时，优化问题包含离散、单峰属性，具有唯一全局最优解。其他优化设计变量与优化目标组成的优化问题的属性如表 3–3 所示。

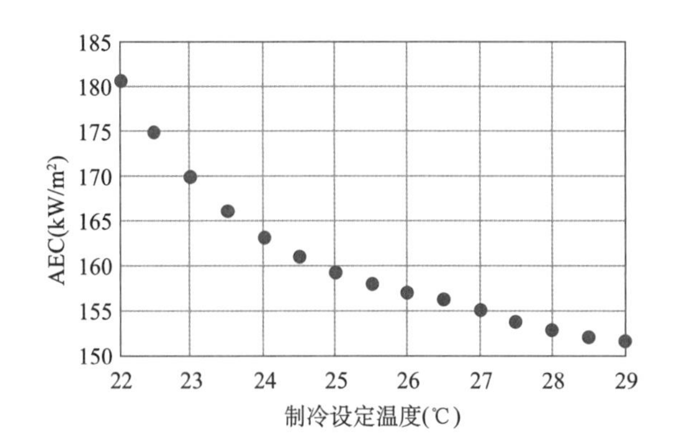

图3–27 制冷设定温度与AEC的关系曲线

基于几种常用算法求解不同属性标准优化问题时的效能评价，本节总结了面向不同属性建筑性能优化设计细分问题的适宜算法建议：

（1）对单目标建筑性能优化设计问题来说，如果优化问题的目标函数是多峰的，即包含多个局部最优解，建议首先选择遗传算法，其次是粒子群算法；应避免选择代数法（如 Discrete Armijo Gradient 算法等）和直接搜索法（如模式搜索算法等），因为这两类优化算法容易陷入局部最优陷阱。

（2）当优化问题的目标函数为单峰时，建议首选直接搜索法（如模式搜索算法等），因为它们能最快地找到全局最优解。由于单峰优化问题只包含一个全局最优解，所以不用担心该类算法会陷入局部最优。其次建议选择遗传算法和粒子群算法，二者都能有效求解单峰优化问题。

（3）当优化问题中包含离散变量或目标函数不连续时，建议优先选择遗传算法或粒子群算法；避免选择代数法和模式搜索算法，因为它们在求解包含离散变量的不连续优化问题时容易失效。

（4）当优化问题包含的优化变量数目较多时，建议首先选择遗传算法和粒子群算法，因为它们的效能不易受优化问题维数的影响；建议避免选择代数法和模式搜索算法。

（5）对多目标建筑性能优化设计问题来说，建议首先选择多目标遗传算法，因为它在各效能指标方面都表现较好；其次推荐选择多目标粒子群算法。

以优化目标为全年建筑能耗为例，针对不同的优化设计变量，根据它们对应的目标函数的属性，表 3–3 给出了适宜选择的算法以及应避免选择的算法清单。建筑师可以根据自身优化问题中包含的优化设计变量类型和优化设计目标，综合选择适宜的优化算法。

表 3-3 当优化目标为全年建筑能耗时单目标优化算法选择的建议

优化设计变量	属性	适宜优化算法建议		应避免的优化算法
		最优算法	次优算法	
建筑方位角	连续、多峰	遗传算法	粒子群优化算法	基于梯度的算法、模式搜索算法
制冷设定温度	离散、单峰	遗传算法	粒子群优化算法	基于梯度的算法、模式搜索算法
供暖设定温度	离散、单峰	遗传算法	粒子群优化算法	基于梯度的算法、模式搜索算法
屋面保温层传热系数	连续、线性	模式搜索算法	遗传算法、粒子群优化算法	—
屋面保温层厚度	连续、非线性、单峰	模式搜索算法	遗传算法、粒子群优化算法	—
外墙保温层传热系数	连续、非线性、单峰	模式搜索算法	遗传算法、粒子群优化算法	—
外墙保温层厚度	连续、非线性、单峰	模式搜索算法	遗传算法、粒子群优化算法	—
外窗上边沿位置	连续、非线性、单峰	模式搜索算法	遗传算法、粒子群优化算法	—
外窗 U 值	连续、非线性、多峰	遗传算法	粒子群优化算法	基于梯度的算法、模式搜索算法
外窗 SHGC 值	连续、非线性、单峰	模式搜索算法	遗传算法、粒子群优化算法	—
遮阳板悬挑深度	连续、非线性、单峰	模式搜索算法	遗传算法、粒子群优化算法	—
遮阳板透光率	连续、非线性、单峰	模式搜索算法	遗传算法、粒子群优化算法	—

参考文献

[1] 钱磊. 英语词源故事集锦. 北京: 北京航空航天大学出版社, 2018.

[2] 全国科学技术名词审定委员会. 计算机科学技术名词(第三版). 北京: 科学出版社, 2022.

[3] 高德纳. 计算机程序设计艺术. 李伯民, 等, 译. 北京: 人民邮电出版社, 2016.

[4] SILVER D, HUANG A, MADDISON C J, et al. Mastering the game of Go with deep neural networks and tree search. Nature, 2016, 529: 484–489.

[5] 王科俊, 赵彦东, 邢向磊. 深度学习在无人驾驶汽车领域应用的研究进展. 智能系统学报, 2018 (1):15.

[6] CONSORTIUM T. A global reference for human genetic variation, the 1000 Genomes Project Consortium. Nature, 2015, 526: 68–74.

[7] 付玏, 李克, 王梦龙. 医学影像互联网产品发展现状及前景展望. 中国医学计算机成像杂志, 2016 (3): 283–285.

[8] 陈诗慧, 刘维湘, 秦璟, 等. 基于深度学习和医学图像的癌症计算机辅助诊断研究进展. 生物医学工程学杂志, 2017 (2): 160–165.

[9] KOOI T, LITITJENS G, GINNEKEN B V, et al. Large scale deep learning for computer aided detection of mammographic lesions. Medical image analysis, 2017, 35: 303–312.

[10] SEHGAL U, KAUR K, KUMAR P. The anatomy of a large-scale hyper textual web search engine. Computer networks and ISDN systems, 1998, 30 (1–7): 107–117.

[11] 许梦妮, 刘晶晶, 刘金艳, 等. 基于智能推荐的网络购物系统的设计研究. 软件工程, 2016 (4):46–47.

[12] HOOKE R, JEEVES T A. “Direct search” solution of

numerical and statistical problems. Journal of the ACM, 1961 (8):212–229.

[13] KENNEDY J, EBERHART R. Particle swarm optimization. Proceedings of the IEEE International Conference on Neural Networks. Perth, WA, Australia, 1995.

[14] DORIGO M, MANIEZZO V, COLORNI A. The ant system: optimization by a colony of cooperating agents. IEEE transactionson systems, man, and cybernetics — Part B, 1996, 26 (1) : 29–41.

[15] KIRKPATRICK S, GELATT C D, VECCHI M. P. Optimization by simulated annealing. Science, 1983, 220 (4538) : 671–680.

[16] GEEM Z W, KIM J H, Loganathan G. A new heuristic optimization algorithm: harmony search. Simulation, 2001: 76 (2) : 60–68.

[17] D. E. Goldberg. Genetic algorithms in search, optimization, and machine learning. Addison-wesley professional, 1989.

[18] R. Storn, K. Price. Differential evolution a simple and efficient heuristic for global optimization over continuous spaces. Journal of global optimization, 1997, 11 (4) : 341–359.

[19] FOGEL L. J. Intelligence through simulated evolution: forty years of evolutionary programming. New York: John Wiley & Sons, Inc., 1999.

[20] WETTER M. GenOpt, generic optimization program – user manual, version 3.0.0. technical report LBNL-5419. Lawrence Berkeley National Laboratory, 2009.

[21] PALONEN M, HASAN A, Siren K. A genetic algorithm for optimization of building envelope and HVAC system parameters//Proceedings of the eleventh international IBPSA conference. Glasgow:University of Strathclyde, 2009.

[22] PAGE J. K. The optimization of building shape to conserve energy. Journal of architectural and planning research, 1974 (3) : 20–28.

[23] JEDRZEJUK H, MARKS W. Optimization of shape and functional structure of buildings as well as heat source utilisation. Partial problems solution. Building and environment, 2002, 37: 1037–1043.

[24] JEDRZEJUK H, MARKS W. Optimization of shape and functional structure of buildings as well as heat source utilization. Basic theory. Building and environment, 2002, 37: 1249–1253.

[25] BOUCHLAGHEM N, LETHERMAN K. Numerical optimization applied to the thermal design of buildings. Building and environment, 1990, 25 (2) : 117–124.

[26] UCTUG F G, YUKSELTAN E. A linear programming approach to household energy conservation: efficient allocation of budget. Energy and buildings, 2012, 49: 200–208.

[27] MARSH A. Computer-optimised shading design//Proceedings of the building simulation. Eindhoven, 2003.

[28] PEIPPO K, LUND P D, VARTIAINEN E. Multivariate optimization of design trade-offs for solar low energy buildings. Energy and buildings, 1999, 29: 189–205.

[29] EISENHOWER B, FONOBEROV V, MEZIC I. Uncertainty-weighted meta-model optimization in building energy models. Proceedings of Building Simulation and Optimization. Loughborough, 2012.

[30] GRIEGO D, KRARTI M, HERNANDEZ-GURREORO A. Optimization of energy efficiency and thermal comfort measures for residential buildings in Salamanca, Mexico. Energy and buildings, 2012, 54: 540–549.

[31] IHM P, KRARTI M. Design optimization of energy efficient residential buildings in Tunisia. Building and environment, 2012, 58: 81–90.

[32] ELLIS P G, GRIFFITH B T, LONG N, et al. Automated multivariate optimization tool for energy analysis//Proceedings of IBPSA SimBuild 2006 conference. Cambridge, 2006.

[33] DIAKAKI C, GRIGOROUDIS E, KOLOKATSA D. Towards a multi-objective optimiza-tion approach for improving energy efficiency in buildings. Energy and buildings, 2008,40 (9):1747–1754.

[34] WETTER M, POLAK E. Building design optimization using a convergent pattern search algorithm with adaptive precision simulations. Energy and buildings, 2005, 7 (6) : 603–612.

[35] SAHU M, BHATTACHARJEE B, KAUSHIK S. Thermal design of air-conditioned building for tropical climate using admittance method and genetic algorithm. Energy and buildings, 2012, 53: 1–6.

[36] HUANG H, KATO S, HU R. Optimum design for indoor humidity by coupling genetic algorithm with transient simulation based on contribution ratio of indoor humidity and climate analysis. Energy and buildings, 2012, 47: 208–216.

[37] JO J H, GERO J S. Space layout planning using an evolutionary approach. Artificial intelligence in engineering, 1998, 12 (3) : 149–162.

[38] Caldas L G, Norford L K. A design optimization tool based on a genetic algorithm. Automation in construction, 2002, 11 (2) : 173–184.

[39] Wang W, RIVARD H, ZMEUREANU R. Floor shape optimization for green building design. Advanced engineering informatics, 2006, 20.

[40] EVINS R, POINTER P, VAIDYANATHAN R. Multi-objective optimisation of the configuration and control of a double-skin façade//Proceedings of the building simulation 2011 conference. Sydney, 2011: 1343–1350.

[41] WRIGHT J A, LOOSEMORE H A, FATMANI R. Optimization of building thermal design and control by multi-criterion genetic algorithm. Energy and buildings, 2002, 34 (9) : 959–972.

[42] GRIERSON D E, KHAJEHPOUR S. Method for conceptual design applied to office buildings. Journal of computing in civil Engineering, 2002, 16: 83–103.

[43] GAGNE J, ANDERSON M. A generative facade design method based on daylighting performance goals. Journal of building oerformance simulation, 2012, 5: 141–154.

[44] COLEY D A, SCHUUKAT S. Low-energy design: combining computer-based optimization and human judgement. Building and environment, 2002, 37: 1241–1247.

[45] CRABB J A, MURDOCH N, PENMAN J M. A simplified thermal response model. Building services engineering research & technology, 1987 (8) : 13–19.

[46] TANANKA Y, UMEDA Y, HIROYASU T, Miki M. Optimal design of combined heat and power system using a genetic algorithm. International symposium on ecotopia science, 2007 (ISETS07), 2007.

[47] TALEBIZADEH P, MEHRABIAN M, ABDOLZADEH M. Prediction of the optimum slope and surface azimuth angles using the genetic algorithm. Energy and buildings, 2011, 43: 2998–3005.

[48] BORNATICO R, PFEIFFER M, WITZIG A, et al. Optimal sizing of a solar thermal building installation using particle swarm optimization. Energy, 2012, 41 (1) : 31–37.

[49] YANG R, WANG L. Multi-objective optimization for decision-making of energy and comfort management in building automation and control. Sustainable cities and society, 2012, 2 (1) : 1–7.

[50] CARLUCCI S, PAGLIANO L, ZANGHERI P. Optimization by discomfort minimization fordesigning a comfortable net

zero energy building in the mediterranean climate. Advanced materials research, 2013, 689: 44–48.
[51] FERRARA M, FABRIZIO E, VIRGONE J, et al. A simulation-based optimization method for cost-optimal analysis of nearly zero energy buildings. Energy and buildings, 2014, 84: 442–457.
[52] FERRARA M, FILIPIA M, SIROMBOA E, et al. A simulation-based optimization method for the integrative design of the building envelope. Energy procedia, 2015, 78: 2608–2613.
[53] ROMERO D, RINCN J, ALMAO N. Optimization of the thermal behavior of tropical buildings. Proceedings of the building simulation, Rio de Janeiro, 2001.
[54] CALDAS L. An evolution-based generative design system: using adaptation to shape architectural form[D]. Cambridge: Building technology, 2001.
[55] KAZIOLAS D N, BEKAS G K, ZYGOMALAS I, et al. Life cycle analysis and optimization of a timber building. Energy procedia, 2015, 83: 41–49.
[56] VARMA P, BHATTACHARJEE B. Evaluating performance of simulated annealing andgenetic based approach in building envelope optimization. Proceedings of the building Simulaion. Hyderabad, 2015.
[57] SHEA K, SEDGWICK A, ANTONUNTTO G. Multicriteria optimization of paneled building envelopes using ant colony optimization. Workshop of the european group for intelligent computing in engineering. Berlin: Springer, 2006: 627–636.
[58] YUAN Y, YUAN J, DU H, et al. An improved multi-objective ant colony algorithm for building life cycle energy consumption optimisation. International journal of computer applications in technology, 2012, 43 (1) : 60–66.
[59] FESANGHARY M, ASADI S, GEEM Z W. Design of low-emission and energy-efficient residential buildings using a multi-objective optimization algorithm. Building and environment, 2012, 49: 245–250.
[60] VASEBI A, FESANGHARY M, BATHAEE S. Combined heat and power economic dispatch by harmony search algorithm. International journal of electrical power and energy systems, 2007: 29 (10) : 713–719.
[61] LEE K P, CHENG T A. A simulation-optimization approach for energy efficiency of chilled water system. Energy and buildings, 2012, 54: 290–296.
[62] HASAN A, VUOLLE M, SIREN K. Minimisation of life cycle cost of a detached house using combined simulation and optimisation. Building and environment, 2008: 43 (12) : 2022–2034.
[63] KAMPF J H, ROBINSON D. A hybrid CMA-ES and HDE optimisation algorithm with application to solar energy potential. Applied soft computing, 2009, 9 (2) : 738–745.
[64] FUTRELL B J, OZELKAN E C, BRENTRUP D. Bi-objective optimization of building enclosure design for thermal and lighting performance. Building and environment, 2015, 92:591–602.
[65] JUNGHANS L, DARDE N. Hybrid single objective genetic algorithm coupled with thesimulated annealing optimization method for building optimization. Energy and buildings, 2015, 86: 651–662.
[66] TIAN W. A review of sensitivity analysis methods in building energy analysis. Renewable and sustainable energy reviews, 2013, 20: 411–419.
[67] NG K M. A continuation approach for solving nonlinear optimization problems with discrete variables[D]. Stanford University, 2002.
[68] HEMKER T, FOWLER K R, FARTHING M W, et al. A mixed-integer simulation based optimization approach with surrogate functions in water resources management. Engineering optimization, 2008, 9: 341–360.
[69] NESTEROV Y. Presentation: complexity and simplicity of optimization. http://www.montefiore.ulg.ac.be.
[70] NGUYEN A T. Sustainable housing in Vietnam: climate responsive design strategies to optimize thermal comfort [D]. Université de Liège, 2013.
[71] WRIGHT J A, LOOSEMORE H A, FARMANI R. Optimization of building thermal design and control by multi-criterion genetic algorithm. Energy and buildings, 2002, 34 (9) : 959–972.
[72] TRIANTAGHYLLOU E. Multi-criteria decision making methods: a comparative study. Applied optimization, 2000, 44 (2) : 81–83.
[73] ZAEH M F, OERTLI T, MILBERG J. Finite element modelling of ball screwfeed drive systems. CIRPP annals-manufacturing technology, 2004, 53 (1) : 289–292.
[74] ROY R, TIWARI A, CORBETT J. Designing a turbine blade cooling system using a generalised regression genetic algorithm. CIRP annals-manufacturing technology, 2003, 52 (1) : 415–418.
[75] SHKVAR E A. Mathematical modeling of turbulent flow control by using wall jets and polymer additives//Proceedings of 2001 ASME pressure vesselsand piping conference. American Society of Mechanical Engineers, New York, 2001.
[76] ROY R, HINDUJA S, TETI R. Recent advances in engineering design optimisation: challenges and future trends. CIRP annals-manufacturing technology, 2008, 57 (2) : 697–715.
[77] PALONEN M, HAMDY M, HASAN A. MOBO a new software for multi-objective building performance//13th conference of international building performance simulation association. Chambery, 2013.
[78] FLEURY C, BRAIBANT V. Structural optimization: a new dual method using mixedvariables. International journal for numerical methods in engineering, 1986, 23 (3) : 409–428.
[79] TTIANTAPHYLLOU E. Multi-criteria decision making methods. Berlin: Springer, 2000.
[80] MARLER R T, ARORA J S. The weighted sum method for multi-objective optimization: new insights. Structural and multidisciplinary optimization, 2010, 41 (6) : 853–862.
[81] FISHBURN P. C. Conjoint measurement in utility theory with incomplete product sets. Journal of mathematical psychology, 1967, 4 (1) : 104–119.
[82] SAATY T L, VARGAS L G. Models, methods, concepts & applications of the analytic hierarchy process. Berlin: Springer Science & Business Media, 2012.
[83] KONIDARI P, MAVRAKIS D. A multi-criteria evaluation method for climate change mitigation policy instruments. Energy Policy, 2007, 35 (12) : 6235–6257.
[84] KIM Y, CHUNG E S, JUN S M, et al. Prioritizing the best sites for treated wastewater instream use in an urban watershed using fuzzy TOPSIS. Resources, conservation and recycling, 2013, 73: 23–32.
[85] WETTER M, WRIGHT J. A comparison of deterministic and probabilistic optimization algorithms for nonsmooth simulation-based optimization. Building and environment, 2004, 39 (8) : 989–999.

第 4 章　建筑性能优化设计的实现技术

4.1　建筑性能优化设计技术概述

4.1.1　建筑性能优化设计技术的基本概念

建筑性能优化设计的一般流程需要依靠专门化的技术才能实现。本章将介绍建筑性能优化设计的实现技术，包括不同的技术途径和技术应用案例。

相较于传统的建筑性能设计方法，建筑性能优化设计技术具有自动化、智能化、快速化等明显的优势。通过将性能计算（模拟）、设计目标判定、优化算法、设计方案调整等环节集成整合，建筑性能优化设计技术可以在大量的可能解（设计方案）的空间里高效地寻找到最优解或较优解，从而显著提升性能设计的效率、品质和科学化程度。需要注意的一点是建筑性能优化设计技术并非总是能够找到性能全局最优的设计方案，这取决于面对的性能优化问题的特性 [1]

建筑性能优化设计技术通常采用三步走的框架，包括预处理、优化过程和结果后处理（图 4–1）。三步优化法占到所有公开发表的建筑性能优化设计文献中的约 62%。[2] 在三个步骤中，预处理是建立建筑性能计算的模型，为后续开展性能优化奠定基础。优化过程需要设定各类参数，并执行优化计算。结果后处理则是对优化的结果进行分析，并确定最终的设计方案。

除了三步优化法外，还存在其他建筑性能优化设计技术的流程，例如多步优化法。多步优化法适合解决多种性能计算的优化的难题，例如，建筑自然通风计算如果难以和能耗计算集成，那么同时进行建筑自然通风性能和节能性能的优化设计，就可以采用多步优化法。此外，在建筑设计的不同阶段进行性能优化时，有时也需要采用多步优化法。[3]

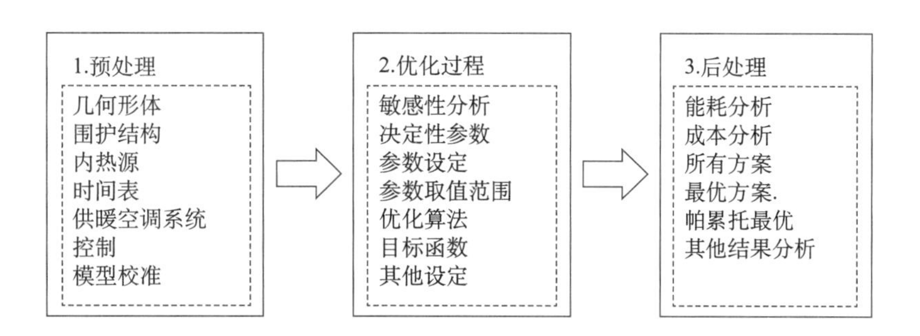

图4-1 建筑性能优化设计技术的三步流程

4.1.2 建筑性能优化设计技术的发展历史

通过文献发现，最早将优化的方法应用到建筑领域的尝试时间追溯至 20 世纪 70 年代，是解决建筑平面或空间设计的问题。[4, 5] 一篇较早公开可检索的探讨建筑性能优化设计技术的论文是 [6] 通过帕累托最优解的判定对一栋办公建筑进行了性能优化设计，探讨的性能和设计参数包括围护结构、保温、形体、蓄热、自然采光、成本、空间设计效率等。整个 20 世纪八九十年代，建筑性能优化设计技术的研究并非热点，只有少量公开发表的论文研究了这一主题。

2000 年以后，伴随着节能、绿色、生态等理念在建筑领域的普及和深入，也受益于计算机软硬件水平的提升和数字技术的发展，建筑性能优化设计技术的研究迅速的增长，越来越多的期刊论文、会议论文和研究报告被发表。[7]

就发展历史而言，建筑性能模拟的研究明显早于建筑性能优化设计。自 2000 年以后，越来越多的建筑性能模拟的研究开始尝试与优化设计结合 [8]。造成这一趋势的原因是多方面的，包括技术的进步、建筑师和其他专业及业主对建筑性能关注度的提升等。

4.1.3 建筑性能优化设计技术的应用

如上所述，与传统的建筑性能设计方法相比，建筑性能优化设计技术具有自动化、智能化、快速化等明显的优势。因此，越来越多的建筑师、工程师和科研人员开始利用这项技术进行绿色建筑、建筑节能的设计。建筑性能优化设计技术的应用面十分广泛，从建筑的性能上说，可用于优化能耗、采光、日照、通风、舒适度等，从建筑的构成上说，可用于设计围护结构、形体、朝向、空间等。下面对应用于建筑形体设计、围护结构设计、自然通风设计和模型预测控制的相关研究进行简要综述。

1）建筑形体设计

建筑性能优化设计技术可用于设计建筑形体，通过调整和搜索可能的建筑形体设计方案，以实现某一项或某几项性能最优的目标。建筑存在一些最常见、最基本的平面形式，例如长方形、正方形、L形、H形等，Tuhus-Dubrow 和 Krarti 通过性能优化设计技术从这些基本平面形式中寻找到拥有最佳性能的形体。然而很多时候，自由创作的建筑形体无法归纳为简单的几何形体或它们的组合。[9] Jin 和 Jeong 应用遗传算法在初步设计的基础上产生自由变化的建筑形体，以降低冷热负荷为优化目标，寻找到最佳的形体设计方案。[10] 对于这类研究，Rhino 软件和它的功能模块 Grasshopper 常被用来实现建筑形体的自动生成，[11] 这是由于相较于其他三维建模软件，Rhino 及 Grasshopper 具有参数化和非线性建模的技术优势。除了建筑的外部形体，也有研究者通过调整建筑内部的空间布局以实现性能的优化。例如，Horikoshi 等利用遗传算法优化了一栋办公建筑内部核心筒和办公空间的排布方式。[12]

虽然有一些研究成果探索利用这项技术进行建筑的形体设计，但该技术在真实的建筑设计中应用还存在一些困难。首先，在建筑设计的早期，仅有较少的参数是完全或基本确定的，这就导致建筑的性能计算具有较大的不确定性，结果的可靠度不高。其次，建筑形体设计是建筑设计诸多内容中创造性较强的一环，性能优化设计技术暂时不足以充分支撑这种创造性。最后，由于建筑性能优化设计技术的效率问题，可能会使得计算及完成优化设计需要的时间过长，从而阻碍了该技术在建筑设计，特别是设计早期中的应用。[2] 尽管如此，不可否认的是，建筑性能优化设计技术为建筑的形体设计提供了一种基于科学理性且具有广阔发展前景的技术途径。

2）建筑围护结构设计

建筑围护结构的优化设计，是该技术应用最广泛的方向之一，属于建筑被动式设计的范畴。常见的应用场景包括不透明围护结构设计、透明围护结构设计、遮阳设计和蓄热材料设计等。

建筑的不透明围护结构包括不透明的外墙、不透明的屋顶、与地面接触的地板和地下室墙体等。不透明围护结构的优化设计的设计目标通常是降低建筑的冷热负荷，进而实现节能目的。[13] 在这个场景下，优化设计参数是保温层的材料类型、材料厚度、材料传热系数和热阻等。由于这些参数是数值类型的，非常适合利用优化技术进行设计。

建筑的透明围护结构包括外窗、天窗和玻璃幕墙等。透明围护结构对于建筑的冷热负荷、热舒适、采光、通风、隔音等性能都有重要的影响，是建筑性能设计的重点方向之一。以外窗为例，常见的设计参数包括窗墙比、窗洞口面积、玻璃类型、窗框类型等。[14] 对于透明围护结构的优化设计，除了考虑降低能耗外，提升自然采光性能也是一个重要的优化目标，甚至比降低能耗更常见。[15]

遮阳被视作是建筑围护结构的一部分，为透明围护结构遮挡阳光以降低太阳辐射得热的功能。同时，遮阳还直接影响建筑的天然采光、自然通风、视野、眩光等。因此，利用优化设计技术进行遮阳的设计，需要考虑多种性能优化目标，具有较高的复杂性。如果将遮阳划分为固定遮阳和活动遮阳两类，利用建筑性能优化设计技术进行固定遮阳的优化设计的研究更为常见，也更早。[16]

蓄热材料是建筑围护结构中采用的一种功能性材料，其作用是利用自身的吸放热特性来降低通过建筑围护结构的热流动，维持建筑室内的热稳定，从而达到改善建筑热环境和节能的目的。吸湿材料也有类似的功能。[17] 将优化设计技术应用到蓄热材料的设计，可以提升建筑被动式节能的效果。[18] 在这个场景需要解决的问题是如何通过蓄热材料的合理设计尽可能地降低建筑的能耗。有研究表明，在相同的墙体热阻下，利用优化设计技术对蓄热材料的最优设计能够降低建筑空调能耗约 17% 到 35%。[19]

3）建筑的自然通风设计

自然通风具有改善室内空气品质、调节室内热环境、提升人体舒适度、降低空调能耗等作用，是建筑设计中常采用的一种被动式设计手段。相较于降低建筑能耗，以自然通风效果为优化目标的实现过程更加困难。这主要是因为自然通风的计算通常需要依靠 CFD（Computational Fluid Dynamics）模拟，而 CFD 模拟较为复杂，CFD 软件也不易和优化软件进行集成，更不要说实现逐时计算。为了克服这些困难，有研究尝试采用静态的模拟过程实现建筑自然通风的性能优化设计，[20] 或者采用简化的自然通风计算方法替代复杂的 CFD 模拟，例如训练人工神经网络模型来预测通风效果。[21] 总的来说，自然通风的优化设计，从技术角度来说具有较大的难度，需要开展更多、更深入的研究或者更具有创新的解决方案。

4）模型预测控制

模型预测控制（Model Predictive Control，MPC）是指利用模拟方法对未来进行预测，基于预测结果预先设定建筑的运行控制方法以实现特定的目标，例如降低能耗、提高环境品质和提高舒适度等。在这一应用场景下，优化设计的主要功能是快速测试不同的控制方案的效果，找到最佳的控制策略。

模型预测控制在建筑领域有较多的应用，例如用于建筑预冷[22]、设计建筑蓄能系统[23]、设定空调温度[24]、控制送风温度[24]、控制冷水温度[25]、控制室外新风量[26]、设定最佳窗户控制策略以提高自然通风效果[27]、控制锅炉[28]、控制热泵[29]等。

优化技术用于模型预测控制面临着一些挑战，包括运行时间过长、结果不确定性大、安装传感器等需要较大投资等。因此，有研究探索使用机器学习构建替代模型[30]或简化模型[31]计算建筑能耗，从而规避 EnergyPlus 等复杂的建筑能耗模拟软件带来的计算量大、计算时间长等问题。

4.2 建筑性能优化设计技术的实现途径

除了建筑性能优化设计的一般流程，不同的建筑性能优化设计技术的实现途径在技术优缺点、适用范围、需要使用的技术工具等方面有所不同。总体上说，可将建筑性能优化设计技术分成两类，一类是将通用优化设计引擎和建筑性能模拟分析软件集成，称为外部联合式；另一类是在建筑性能模拟分析软件内部嵌入优化设计功能，称为内部集成式。

4.2.1 外部联合式

外部联合式的性能模拟软件和优化程序是相互独立的，需要编写外部脚本程序实现二者的链接。外部联合式可以充分利用优化程序的优化算法和模拟软件的性能计算功能，但要求二者留有程序开发接口以方便实现集成。此外，这一技术途径对使用者的技术能力有较高的要求，包括基本的编程能力、模拟软件的输入输出解读乃至二次开发接口使用等。图 4-2 以建筑能耗模拟软件 EnergyPlus 和常用数学计算程序 MATLAB（包含通用优化功能模块）的集成为例展示了外部联合式的技术架构。图中的脚本程序需要使用者自行编制开发，以实现 EnergyPlus 和 MATLAB 的集成。

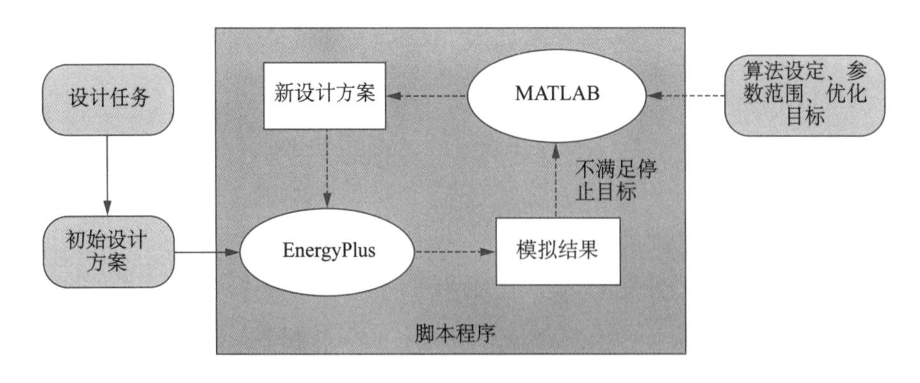

图4-2 外部联合式的建技术架构（以EnergyPlus集成MATLAB为例）

在实现外部联合式技术中，EnergyPlus 是被最广泛使用的能耗模拟软件，一方面因为 EnergyPlus 计算准确，功能强大；另一方面 EnergyPlus 开源免费，可以方便地查阅和编辑输入文件，能够输出几乎所有计算（过程）结果，对于二次开发者来说非常友好。从优化设计程序上说，MATLAB、GenOpt、modeFRONTIER、Dakota 等经常被使用。[7] 下面以 Dakota 和 GenOpt 为例，介绍外部联合式技术的具体实现方式，其中使用的建筑性能模拟分析软件是 EnergyPlus。这两款优化设计程序也可以和其他建筑性能模拟分析软件集成，集成的原理大致相同，具体的实现技术有所区别。

4.2.1.1 Dakota 和 EnergyPlus 集成技术

1）技术流程

Dakota（Design Analysis Kit for Optimization and Tera-scale Applications）是由美国桑迪亚国家实验室开发的一款通用优化设计程序。Dakota 内置有梯度和无梯度算法，能够执行不确定性分析、敏感性分析、参数研究、优化和模型校准等分析。Dakota 对使用者的专业能力要求较高，需要使用者掌握一定的编程能力。Dakota 采用的编程语言为C++,其开发目的之一是提供灵活且可扩展的软件架构和功能。[32]

Dakota 提供了三种方法调用外部程序：系统调用法（System call）、Fork 法和直接链接法（Direct Linkage）。系统调用法会生成一个新的计算过程，通过参数和相应的文件与外部程序交换数据。这种方法需要有前处理和后处理程序，其中前处理程序将 Dakota 生成的参数传递给外部程序，后处理程序将外部程序计算的结果处理传递给 Dakota。Fork 法与外部程序进行数据交换的方式和系统调用法相同，不同之处是 Fork 法会复制 Dakota 的计算过程。系统调用法可能会存在新的响应文件已经生成,但写入这个文件的数据还没有生成的情况，这可能会导致数据在排队时泄露。Fork 法较好地避免了这个问题。直接链接法将 Dakota 通过应用程序编程接口（API）和外部程序通过编译链接在一起，这种方法减少了程序处理过程，适合于大规模的平行计算。本书介绍采用 Fork 法实现 Dakota 和 EnergyPlus 的集成。

图 4-3 展示了 Fork 法将 Dakota 和 EnergyPlus 的集成的技术流程。图中虚线框内的流程需要通过编写脚本程序实现，包括前处理程序、调用 EnergyPlus 程序和后处理程序。前处理程序的工作是将 Dakota 生成的参数替代 EnergyPlus 的输入文件 *.IDF 中相应的变量，从而生成新的 IDF 文件，再送回 EnergyPlus 中进行计算（图 4-4）。调用 EnergyPlus 通过安装文件夹下的 RunEPlus.bat 批处理程序实现。后处理程序提取 EnergyPlus 生成的数据，整理成 Dakota 所需的格式文件，然后由 Dakota 重新生成新的参数，实现完整的计算循环。需要注意的是，当传递多个结果参数给 Dakota 时，需要后处理程序将反馈的结果保存为特定的格式。Dakota 允许使用 Python、Perl 等语言编写脚本程序，而且自带脚本程序的样例。使用者可以参考学习脚本程序样例，再修

改少量参数即可实现定制的功能。Dakota 和 EnergyPlus 集成的具体技术步骤如下：

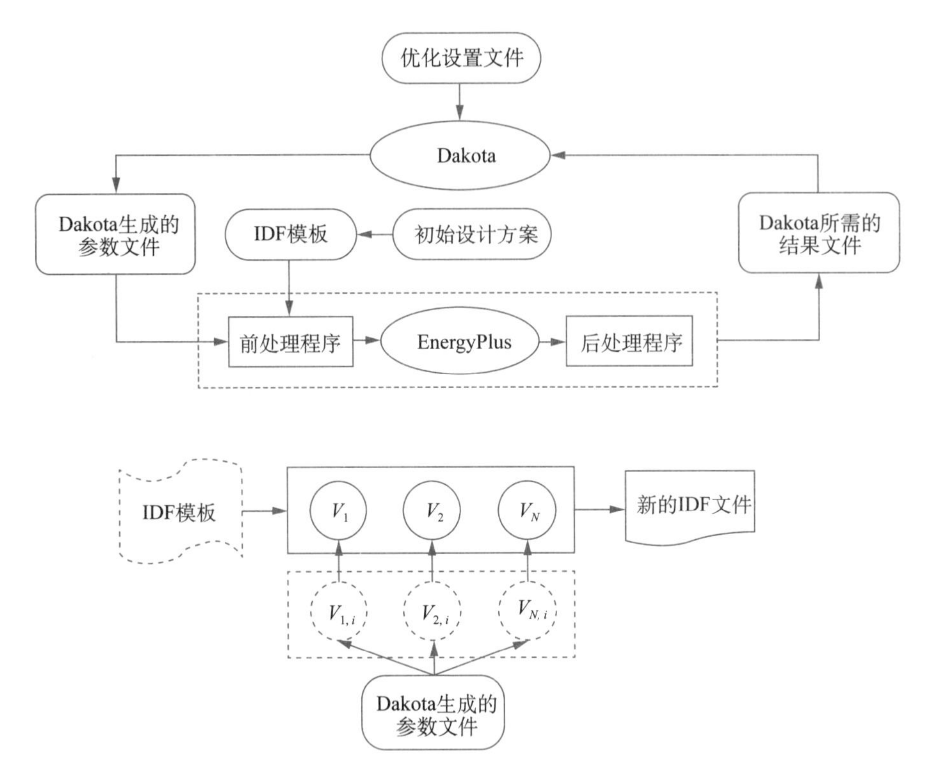

图4-3 Dakota和EnergyPlus集成的工作流程

图4-4 前处理程序生成新的IDF文件的工作原理

（1）设定 Dakota 输入文件，即 .in 文件。Dakota 的输入文件主要内容包括应用的方法（Mothod）、变量（Variables）、调用外部程序的接口（Interface）和反馈数据接口（Responses）。Variables 用于设定变量及其变化范围，如 thickness 表示材料的厚度，其初始值为 0.04 m，最小值为 0 m，最大值为 0.10 m。其外部程序接口和反馈数据接口就是上述的前处理和后处理的对接接口。

（2）Dakota 生成新的参数值，保存在 params.in 文件中，例如生成 thickness= 0.06 m。

（3）前处理程序将 IDF 模板中的变量替换为步骤（2）生成的参数值。在 IDF 模板中变量值使用特殊的字符进行标记，以区别于其他 IDF 的基本参数，例如 {thickness} 代表材料的厚度，前处理程序识别 {thickness} 并将 params.in 的变量值 0.06 替换 {thickness}，最终保存为新的输入 IDF 文件。模式匹配的方法非常适合于实现这样的功能。

（4）使用 RunEPlus.bat 批处理程序调用 EnergyPlus，运行新生成的 IDF 文件和气象文件。在 RunEPlus.bat 中用户需要设定气象文件和新生成的 IDF 所在的目录地址。

（5）后处理程序接受 EnergyPlus 计算结果并对数据进行处理。后处理程序和前处理程序类似，采用模式匹配的方法提取所需的数据，并将数据保存到结果文件内。

（6）Dakota 接受结果文件内的返回的数据。

（7）重复步骤（1）到步骤（6）直到完成计算。

2）Dakota 输入文件

Dakota 的输入文件是以 in 为后缀的文本文件，可以使用记事本或者其他文本编辑程序打开。Dakota 的输入文件通常由六部分组成，分别是 Environment、Method、Variables、Model、Interface 和 Responses。Environment 用于设定结果的显示，通常会对结果进行更加深入的可视化分析; Method 用于设定优化算法; Model 用于设定 Dakota 使用的模型，通常可以忽略，或者使用默认的 single。如果需要设定复杂的模型，例如同时进行优化和不确定性分析，可以进行特定的设定；Variables 用于设定优化的变量；Interface 用于设定和其他程序的交互；Responses 用于设定 Dakota 接受返回的参数。

下面展示的是 4.3.2 节案例的 Dakota 输入文件。关于输入设定、输入内容的含义等细节可以参考 Dakota 的官方文档。

```
environment,
    graphics
    tabular_graphics_data
      tabular_graphics_file = 'optienergy.dat'
method,
    sampling
    sample_type random
    samples = 1000
model,
     single
variables,
    continuous_design = 5
    lower_bounds    20  20  20  20  20
    initial_point   24  24  24  24  24
    upper_bounds    28  28  28  28  28
    descriptors     'ClTemp1100' 'ClTemp1130'
'ClTemp1200' 'ClTemp1230' 'ClTemp1330'

interface,
    fork
        analysis_driver = './simulator_script_EP.bat'
```

```
parameters_file = 'params.in'
    results_file    = 'results.out'
    work_directory      directory_tag  named 'workdir'
   copy_files = 'templatedir/*'
    file_save  directory_save
    aprepro
    deactivate
    active_set_vector
responses,
   objective_functions = 2
   no_gradients
   no_hessians
```

3）Dakota 生成的变量文件

每次迭代 Dakota 的算法会重新生成变量取值的文件 params.in，打开它之后如下图 4-5 所示。其中 DAKOTA_VARS 表示变量的个数。InsThick 和 NorthAxis 是设定的优化参数。DAKOTA_FNS 表示目标函数 objective function 的个数。ASV_1:obj_fn 表示需要向参数返回的数据，用整数代表。

```
{DAKOTA_VARS  =                  3}
{InsThick    =          4.375054e-001}
{NorthAxis     =          6.955566e-001}
{ClTemp1100    =                20.8}
{DAKOTA_FNS   =                  1}
{ASV_1:obj_fn   =                1}
```

图4-5　Dakota生成的参数取值文件params.in

图 4-5 中的前处理程序的功能是从参数文件中获取每个参数的取值，替换掉 IDF 模板文件中的变量并生成新的 EnergyPlus 输入文件。前处理程序利用模式匹配技术定位到变量的对应值，当提取完所有变量值后，程序需要逐行读取 IDF 模板文件并用获取的值替换掉变量，从而生成新的 IDF 文件。

使用脚本程序调用 EnergyPlus 运行 IDF 文件并非直接调用 EnergyPlus.exe，也不是调用 EP-Launch.exe，而是调用 RunEPlus.bat 文件。运行批处理文件 RunEPlus.bat 可以打开 EnergyPlus.exe、运行 IDF 文件、调用气象文件。所以集成 EnergyPlus 的关键是在 RunEPlus.bat

文件中修改默认的气象文件和 IDF 文件的位置。

4）优化算法和优化过程设置

优化算法设置是 Dakota 与 EnergyPlus 集成中的重要的一环，Dakota 提供了大量可供选择的优化、不确定分析和敏感性分析算法。使用者可以参考 Dakota 官方的用户手册（User's Manual）了解这些算法的设定。有时候一些算法并没有在用户手册内出现，这时需要参考 Dakota 提供的参考手册（Reference Manual）。在参考手册内的 method 部分，找到需要使用的算法，点击算法名称就可以逐层级地查看算法的具体内容和设置细节。例如，如果要使用单目标优化算法，即名为 soga 的算法，点击 soga 就可以查看它的详细输入参数“Specification”，进一步可以发现“fitness_type”“replacement_type”等输入参数，再点击这些输入参数即可看到它们的解释和取值的设定方式。

Dakota 的优化算法会根据返回的优化目标的当前取值，它的历史取值，计算并生成新的变量值。由于 EnergyPlus 是 Dakota 的外部程序，所以需要在 EnergyPlus 的模拟结果中提取出优化目标的值并按照特定的格式要求返回给 Dakota。

上面的步骤中使用了脚本程序和批处理程序，最后需要将所有这些程序整合起来并执行。Dakota 使用批处理程序实现这个过程，例如名字为“simulator_script_EP.bat”的批处理程序，该批处理程序置入在 Dakota 运行文件的 analysis_driver 中，如图 4-6 所示。第一行命令运行 python 前处理程序，从生成的变量文件中提取变量取值并生成新的 IDF 文件 in.idf。第二行命令运行脚本程序，调用“RunEPlusPython.bat”运行 IDF 文件。第三行命令运行后处理程序，提取目标函数结果并保存到“results.out”文件中。

```
python %~dp0/inputfilter.py %1% in.idf work.idf
python %~dp0\runEPlusScript.py
python %~dp0writeoutput.py work.csv workTable.csv results.out
```

图4-6 “simulator_script_EP.bat”批处理程序

一切准备就绪后，在命令提示符的对话框内输入“dakota 'dakota_energyplus_ea_temp.in'”，回车后即可运行优化过程。

4.2.1.2 GenOpt 和 EnergyPlus 集成技术

GenOpt（Generic Optimization Program）是美国劳伦斯·伯克利国家实验室为建筑性能优化设计专门开发的一款优化引擎。GenOpt 能够和任何以文本格式输入和输出的软件集成，如 EnergyPlus、TRNSYS、

IDA-ICE、DOE-2 等。GenOpt 含有算法库，使用者在进行建筑性能优化设计时可从中选择算法。如果计算机拥有多核 CPU，GenOpt 会自动将任务分配到多核上平行计算以降低计算时间。通过算法界面，用户可以向算法库内添加新的算法而不必知道软件内部的详细结构。由于 GenOpt 的独立性以及接口的通用性，使得其能够用于处理不同的优化问题。[16]

GenOpt 的开发初衷是为了降低复杂目标函数的计算时间，所以不适用于解决线性函数、二次函数或任何存在导函数的方程问题。GenOpt 提供的输入界面不算友好，采用文本格式输入方式，输出的可视化能力较差，对使用者的专业能力有较高要求。好在 GenOpt 提供了大量的案例，使用者可在学习案例的基础上，根据实际需要进行适当的修改来完成建筑性能优化设计。

1）安装 GenOpt

由于 GenOpt 是用 Java 编写的，所以在安装之前需要先配置 Java 运行环境，可在 Oracle 官方网站上获取 Java 并配置。配置好 Java 运行环境后，登录 GenOpt 的官方网站（http://simulationresearch.lbl.gov/GO/），下载并安装 GenOpt 即可。

2）使用 GenOpt 进行建筑性能优化设计的工作流程

图 4-7 是使用 GenOpt 进行优化设计的工作流程图。图中最上方的功能模块包括“initialization”“command”“configuration”和“simulation input template”，分别是初始化文件（ini 文件）、命令文件（txt 文件）、配置文件（cfg 文件）和模拟的模板文件。图中斜线以下部分是集成的性能模拟分析程序的输入和输出。从图 4-7 可以看出，使用 GenOpt 进行性能优化设计的工作流程和 Dakota 较为相似。

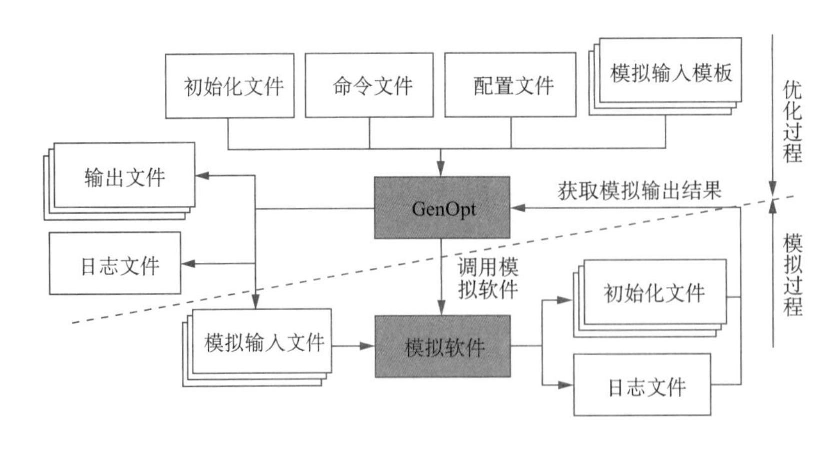

图4-7　使用GenOpt进行建筑性能优化设计的工作流程[16]

3）设定初始化文件、配置文件、命令文件、log 文件

初始化文件（ini 文件）用于设定优化文件的位置、优化的问题、生成文件的保存位置、气象文件位置、输出文件和目标函数等。涉及

到的关键词的包括：

（1）Simulation：用于设定 EnergyPlus 能耗模拟的模版文件名，包括设定输入文件、log 文件、输出文件、配置文件所在的位置。

（2）CallParameter：用于设定气象文件所在的位置。

（3）ObjectiveFunctionLocation：用于设定目标函数所在的位置。

（4）Optimization：用于设定 Command 文件所在的位置。

配置文件是以 cfg 为后缀的文件，其功能是指定性能模拟分析软件和输入文件所在的位置。GenOpt 自带的案例中已经配置好了这些内容，一般情况下，使用者只需要稍加修改即可。例如使用 EnergyPlus 作为性能模拟分析软件，就需要修改并制定 RunEPlus.bat 批处理文件所在的位置。

命令文件用于指定变量的变化范围和变化步长、设定算法和算法特性。其中，“Parameter”用于指定变量的变化范围和变化步长；“Algorithm”用于设定使用的算法；“OptimizationSettings”用于设定算法特性。Log 文件以 log 为后缀，是软件生成记录模拟过程的信息文件，文件中还包括运行中的错误信息。

除了生成 log 文件外，GenOpt 在运行过程中还会生成两个结果文件“OutputListingMain.txt”和“OutputListingAll.txt”，前者保存运行的主要结果，后者则将所有的运行结果不加筛选地全部保存下来。

4.2.2 内部集成式

内部集成式指建筑性能模拟软件已经集成了优化分析的模块，用户不需要手动将性能模拟软件和优化软件进行集成。这类工具是技术人员专门针对建筑性能分析开发的，工作流程通常能够符合建筑设计的逻辑。因为优化设计仅仅是性能分析的一个过程，这类技术相对来说是较为简单的，不需要学习额外的编程能力。图 4-8 展示的是内置优化分析功能的 OpenStudio 的实现优化的过程（使用的是 Dakota 作为优化引擎）。用户本身不需要写脚本程序，只需要设置已经建立好

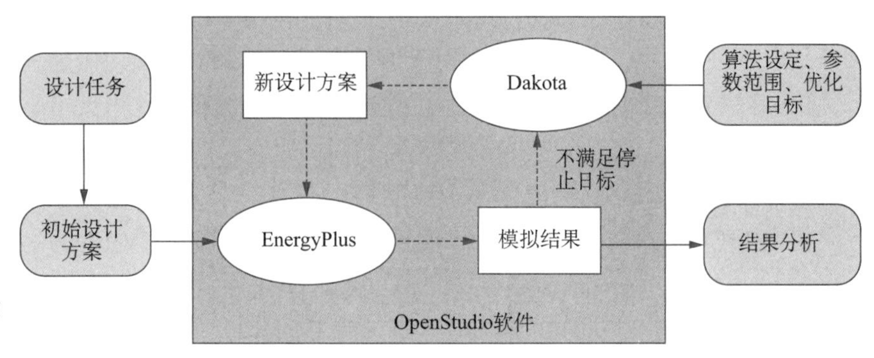

图4-8　OpenStudio内的参数化分析模块

的能耗模型、参数、优化目标等，就可以进行优化设计的运算过程。现在很多成熟的性能分析工具都具有优化的功能，包括 OpenStudio、DesignBuilder 和 Grasshopper 等。下面就介绍 Grasshopper 内部集成式的建筑性能优化设计工具。

Grasshopper 是集成在 Rhino 上的可视化算法编辑器，不需要有编程或者脚本撰写的能力，即可实现参数化的建模工作。Grasshopper 上有大量和建筑性能分析相关的模块，包括主要应用于建筑外部气候分析的 Ladybug 模块、应用于建筑能耗模拟的 Honeybee 模块、应用于风环境模拟的 Butterfly 等。由于具有可视化强，不需要有编程能力，能够集成各类开源免费建筑性能模拟软件（包括 EnergyPlus、OpenStudio、Openfoam、Radiance 和 Daysim 等），Grasshopper 逐渐成为了建筑领域重要的建筑性能分析平台。

Grasshopper 上有 Octopus、Galapagos、Goat 等优化功能的模块。Galapagos 是 Grasshopper 内置的实现进化算法的模块。相对而言，Octopus 可以实现多目标优化，即能够考虑 2 个及以上的目标，并使用帕累托前沿来展示结果。此外 Octopus 还具有 ANN 和支持向量机 SVM 等监督学习算法以拟合结果。接下来将对 Galapagos 和 Octopus 进行优化设计的技术进行更加详细的介绍。

1）Galapagos 实现单目标优化

Galapagos 是 Grasshopper 内置的单目标优化算法求解器，提供遗传和退火两种算法。Galapagos 的输入端有两个，Genome 用于连接所有滑块型（Sliders）的优化变量；Fitness 用于连接优化目标，由于是单目标求解器，仅能连接一个优化目标。

当链接好优化变量和目标函数后，双击电池可以进入更详细参数的设置。其中 Generic 是通用的优化设置，主要包括优化目标的求解是最大值（Maximize）还是最小值（Minimize）。下面分别是两种优化算法——遗传算法（Evolutionary Solver）和退火算法（Annealing Solver）的求解。关于求解器输入或者算法的详细解释可以点击右侧的链接进行查看。

在求解器详细设置界面的“Solvers”界面下，用于选用优化算法和开始求解过程。界面的上面部分用于显示分析的结果，下面用于显示优化过程中的参数取值。由于这个优化求解器比较简单，这里就不进行详细的演示。

2）Octopus 实现多目标优化

相比于 Galapagos，Octopus 用于实现多目标优化。不同于内置的 Galapagos，在使用 Octopus 前需要先下载安装这个插件。Octopus 是在 Galapagos 的基础上开发的，所以有类似于后者的建模过程。Octopus

的主要电池是名为“Octopus”的电池。

Octopus 电池标注为 G 的输入端用于设定优化变量，或者被称为 Genes。这个输入变量可以是滑块电池（Sliders）或者基因池电池（GenePool）。标注为 O 的输入端用于设定优化目标、简单的文字描述和参数限值等。左侧的 P 输入端用于设定是否在三维展示输出的结果。右侧的 P 输入端用于输出结果到数据文件。由于 Octopus 的使用方法和 Galapagos 类似，这里就不详细介绍。

4.2.3 总结

本节将建筑性能优化的技术方法划分成外部联合式和内部集成式。外部联合式具有灵活多变，可操作性强的特点，但是技术难度高，需要掌握脚本语言编程的能力。内部集成式的使用较为简单，不需要关注于技术实现本身，而是优化的问题。无论使用哪种技术流程，建立正确的性能分析模型都是需要预先完成的工作。

4.3 设计案例

第 4.2 节详述了建筑性能优化设计的技术实现方法。本节将通过三个设计案例来展现建筑性能优化设计的实践。三个案例分别关于建筑形体优化设计、建筑遮阳优化和夏季空调预冷策略优化。第一个案例基于 Grasshopper 平台的 Octopus 实现，后两个案例基于 EnergyPlus 和 Dakota 技术实现。

4.3.1 建筑形体多目标优化

4.3.1.1 形体优化问题

建筑形体设计是建筑师关注的基本内容之一。形体优化设计是在建筑师设计的基本形体基础上，通过设置优化变量和算法，自动寻找更优结果的过程。这里需要区别优化设计和生成设计，后者是利用一些生成规则自动生成不同的设计，经过建筑师挑选后形成设计的实体，例如图形文件。[33] 而优化设计是在完成基本的设计后，利用优化技术对设计结果进一步优化的过程。

本节将对一栋高校教学楼建筑的平面进行优化设计，以寻找更加优秀的采光和能耗的设计方案。这栋建筑地上部分有 9 层，标准层面积约 20 000 m^2。建筑标准层平面中心对称，由三个“回”字形体量嵌套而成。优化设计的对象是建筑平面设计的参数，目标是降低建筑运行能耗，并提高采光效果。

1）形体优化变量

本案例优化对象为建筑标准层的平面，如图 4–9 所示。优化的方案是实线框体的基础上的变化，具体而言是选取 5 项变量对整体形体进行控制，如图中的汉字标注。优化参量基础信息如表 4–1 所示，除图中所示平面控制变量，层高被作为竖向形体控制变量。

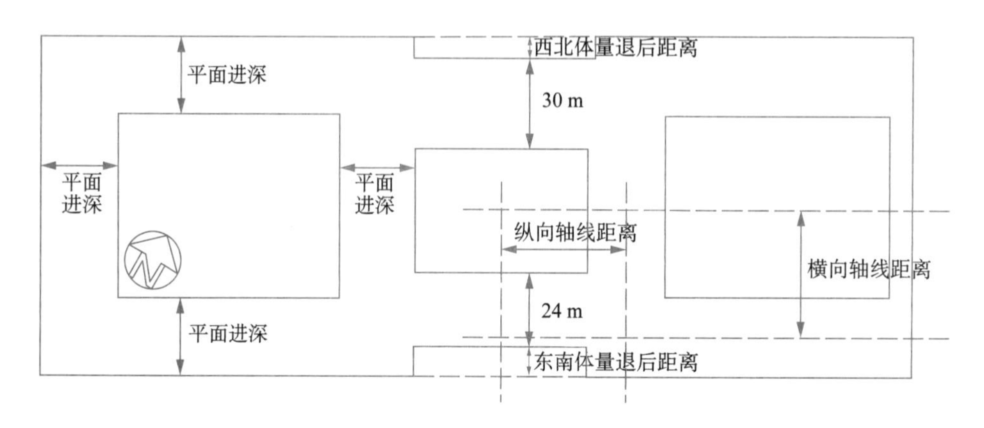

图4–9　形体控制变量示意

表 4–1　形体优化参量

名称	单位	步长	值域
平面进深	m	0.1	20～25
西北体量退后距离	m	0.1	5～20
东南体量退后距离	m	0.1	5～20
纵向轴线距离	m	0.1	40～60
横向轴线距离	m	0.1	40～55
建筑层高	m	0.1	2.7～4.8

2）形体优化目标

优化的目标是尽可能降低形体所带来的能源消耗，并提高墙面自然采光均匀度以避免立面开窗时形成的眩光，还考虑建筑平面面积巨大给疏散带来的难度，即同时考虑能耗、采光和防火疏散三个指标。基于上述要求选取建筑体形系数、建筑侧面太阳辐射量的标准差以及疏散距离作为形体设计的优化目标。

选取的体形系数反映了形体对于建筑整体能耗的影响。由于建筑尚未开设窗洞，不宜直接进行能耗模拟得到全年运行能耗。考虑到体形系数与能耗的关联性强，且计算迅速，适用于此阶段的模拟计算。体形系数计算方法如式（4.1）所示。

$$S=\frac{F_0}{V_0} \tag{4.1}$$

式中，S 为建筑体形系数，F_0 为建筑接触室外大气的外表面积，V_0 为建筑所包围的体积。

建筑侧表面网格太阳辐射量标准差反映了形体对于建筑室内光舒适度的影响。太阳辐射量标准差显示了阳光照射于建筑侧面取样点强度的均匀度，对其进行控制有利于避免开设窗洞时其自然采光过高或过低。网格辐射量数值运用 Honeybee 调用 Radiance 模拟引擎完成计算，进而以式（4.2）计算标准差。

$$\sigma=\sqrt{\frac{1}{N}\sum_{i=1}^{N}(x_i-\mu)^2} \qquad (4.2)$$

式中，σ 为太阳辐射量标准差；N 为取样点数量；x_i 为取样点全年太阳辐射总量（kWh/m^2）；μ 为取样点全年太阳辐射总量平均值（kWh/m^2）。

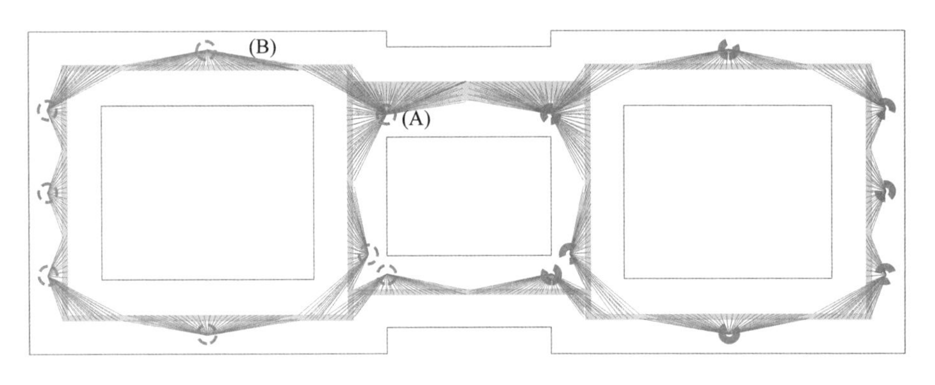

图4-10　疏散距离的计算

疏散距离即建筑走廊网格点与最近楼梯定位点距离的最大值，其计算方式如式（4.3）所示。如前文所述，此建筑整体平面均为鱼骨式布置，因此将各体量中心 3 m 宽度的区域设为走廊，在生成的走廊平面中以 1 m 为网格尺寸进行取点。同时研究预先设定了 16 部疏散楼梯，设定程序自动寻找与每个取样点最近的楼梯并测量距离，如图 4-10 所示。这个参数反映了形体设计阶段对于建筑疏散的影响。此项指标内容参考的是建筑设计防火规范中要求高层教学类建筑中直通疏散走道的房间疏散门至最近安全出口的直线距离不应大于 30 m，在加入自动喷淋系统后此数值可增长为 37.5 m，考虑到深化设计中的可能变化，研究将此数值最终确定为 32.5 m。

$$M=\max(D_1, D_2, \cdots, D_n) \qquad (4.3)$$

式中，M 为疏散距离；D_n 为各取样点与最近楼梯直线距离（单位 m）。

因此所确立的三项指标分别为体形系数、太阳辐射量标准差以及疏散距离。其中体形系数在模拟中以最小化进行优化运算，尽可能降低建筑体型对能耗量的影响；太阳辐射量标准差以最小化为目标进行优化运算，尽可能提高采光均匀度；疏散距离以最小化为目标进行优化运算，尽可能减少疏散时间。

4.3.1.2 形体优化结果分析

这里运用 Octopus 工具完成多目标优化。其中参数设定种群数量为 100，运算 77 代数得出 142 项非支配解，优化结果的参数设定如表 4–2 所示。形体优化考虑到建筑体量的因素，选取计算效率更高的日照辐射量等参数进行评价，单次运算时间控制在 3 s 左右。本次计算在 6 h 时间内完成了近 8 000 组可行解的探索。

表 4–2 形体优化基础信息

参数名称	参数内容
种群数量	100
运算代数	77
非支配解数	142
耗时	6 h

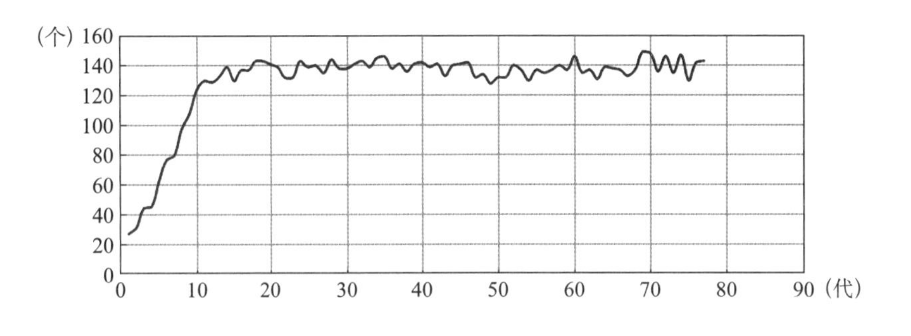

图4–11 逐代非支配解数量变化

如图 4–11 所示，多目标优化过程中的逐代非支配解数量较为清晰地展现了多目标优化的整体收敛过程。从图中可以看到，优化在 1—10 代过程中非支配解数量急速上升，在第 10 代时就已上升至 123 个；而在 10—25 代过程中非支配解数量呈缓慢上升趋势，至 25 代时上升至 138 个，而在 25 代之后的过程中，非支配解数量在较小的范围内波动，其波动数值上下不超过 5，这证明此多目标优化流程进入收敛后的稳定状态，而小范围波动是由于预先设定的变异参数导致的正常现象。

进一步对程序运行至 77 代所得出非支配解集进行分析，如图 4–12 所示。从图中可以看到，全部非支配解可以被分为图中所示的①②③三个区域。区域①中非支配解特征的疏散距离指标平均值为 41.94，明显高于②③区域；体形系数与太阳辐射量标准差与区域②相比有少许优势；非支配解数量为 13 个，明显少于②③区域。区域②中非支配解特征为：疏散距离参量数值集中在 31—33 的较小区间内；而体型系数与太阳辐射量标准差之间的关系呈明显非线性负相关；非支配解数量为 93 个，分布集中。区域③中非支配解特征为：疏散距离参数平均值为 29.88，其性能最优且相对集中；体形系数与太阳辐射量标准差与区域②相比有着较大劣势；非支配解数量为 36 个。

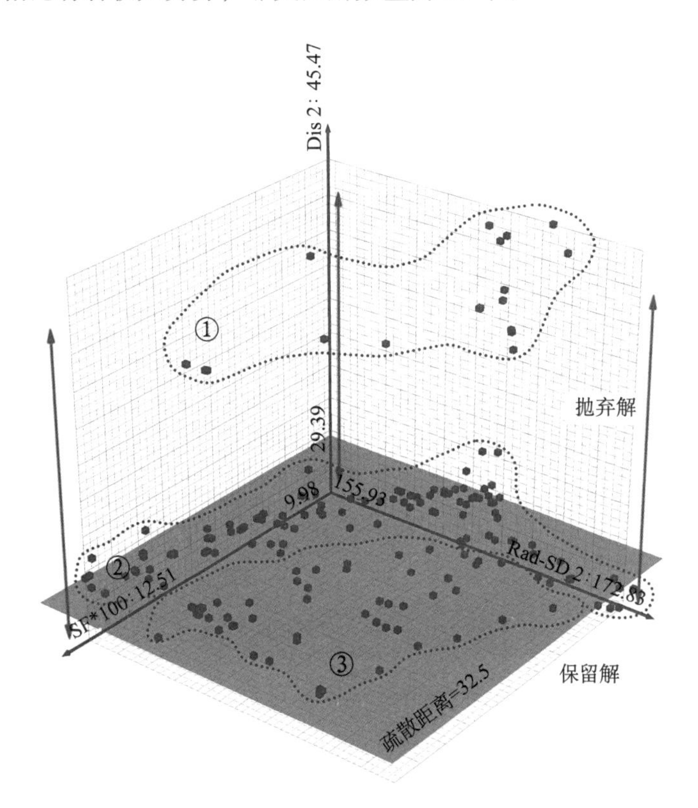

图4–12　非支配解集分类与筛选

区域①中非支配解之所以完全与区域②③脱离，是由于取样点连线中最长线段的变化所导致的。随着疏散线段长度不断增大，其增大到临界值时最长线段会从线段（A）突变为线段（B），而线段（A）与线段（B）的长度与其他两项性能指标之间的关系相互独立，因此其求解所得的非支配解分布也随之相互脱离。

基于上述分析，研究将图 4–12 中所示的 32.5 m 的疏散距离对解集进行划分，图中灰色平面为 32.5 m 疏散距离平面，将其下部疏散距离小于标准值的非支配解保留，抛弃平面上部疏散距离大于 32.5 m 的非支配解，并将全部符合要求的非支配解并置于其余两项性能所形成的值域平面内进行最终权衡。

太阳辐射量标准差及体形系数两项性能视角下的解集筛选流程如图 4–13 所示，前文中进行的是图（a）至图（b）的流程，即选取非支配解集后抛弃疏散距离大于 32.5 m 的全部解。从图中可以看到，经过此流程后太阳辐射量标准差的值域并未发生变化，而体形系数值域发生了少许变化，这说明此过程抛弃掉了部分体形系数极小的非支配解。

在完成疏散距离对于非支配解的筛选形成（b）图所示解集后，将进一步以其余两项性能对非支配解进行二次筛选，即从图（b）至图（c）的筛选过程，此过程主要排除了由于疏散距离导致其余两项指标较差的非支配解。从筛选完成的图可以看到，太阳辐射量标准差的值域发生了较大变化，其峰值从 172.83 降至 165.62，而体形系数值域未发生变化。

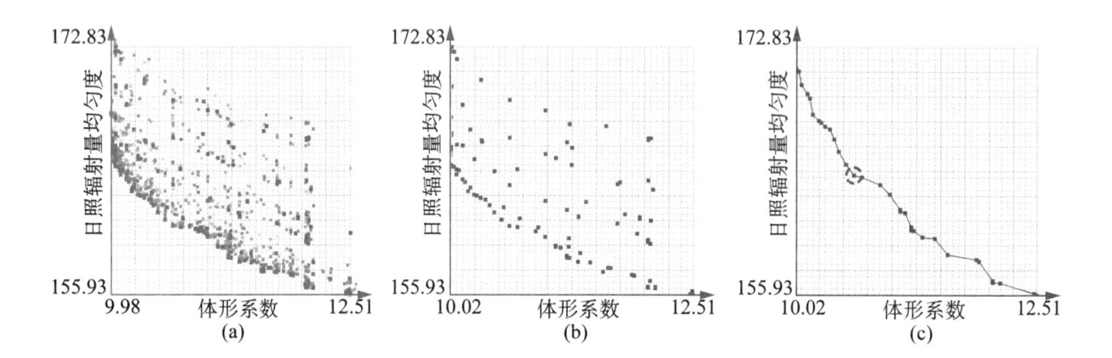

图4-13　辐射量与体形系数视角下的非支配解筛选过程

对于最终形成的非支配解，研究需在其中选取单一解应用于建筑中并进行后续优化。研究设定值域坐标系内非支配解定位点与原点的距离作为权衡指标，此指标能够较好的反映各非支配解对于两项性能的平均优化程度。[15] 其具体计算流程为，首先将两项性能指标值域归一化，对应为 [0,1] 的区间，取任意非支配解分别计算其两项性能指标在区间内的取值，再求得其与原点之间的距离作为衡量指标。其具体计算公式如式（4.4）所示。

$$A=\sqrt{(\frac{a-a_0}{a_1-a_0})^2+(\frac{b-b_0}{b_1-b_0})^2} \qquad (4.4)$$

式中，A 为非支配解衡量指标；a 为特定非支配解体形系数值；a_0 为体形系数 *100 值域最小值（10.02）；a_1 为体形系数 *100 值域最大值（12.51）；b 为特定非支配解太阳辐射量标准差；b_0 为太阳辐射量标准差值域最小值（155.93）；b_1 为太阳辐射量标准差值域最大值（165.62）。

经计算图 4-13（c）中虚线圆圈中非支配解 A 值最小，为 0.8503。因此选取此非支配解作为最终解落实于建筑方案中，其变量如表 4-3 及性能参数如表 4-4 所示。在全部可行解中，最大体形系数的百倍值为 12.54，最终选取的非支配解可提高 1.91；最大太阳辐射量标准差为 174.94，最终选取的非支配解可提高 14.32；最大疏散距离为 47.96，最终选取的非支配解可提高 15.63。

表 4-3 最优非支配解形体变量

平面进深	西北体量退后距离	东南体量退后距离	纵向轴线距离	横向轴线距离	建筑层高
25.0	12.1	8.1	41.0	48.3	3.9

表 4-4 最优非支配解性能指标

SF*100	Rad-SD	Dis
10.63	160.62	32.33

基于形体优化中最终选定的形体参数组合，最终确定的建筑外部形体如图 4-14 所示。

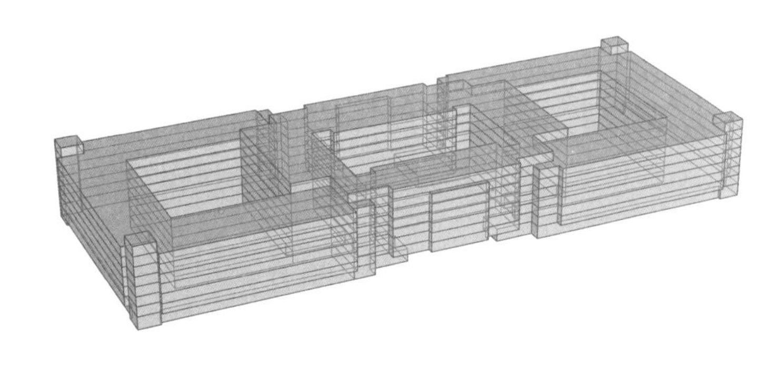

图4-14 最终优化设计结果

4.3.1.3 讨论

本案例利用 Grasshopper 内的优化模块对案例建筑的形体进行了优化设计，结果展示了优化设计的可行性，但仍需要指出其中的不足。首先本案例中使用的形体系数，而非真实建筑的得热量或者能耗。形体系数多用于表征寒冷地区形体对建筑采暖能耗的影响，可能不适合其他气候区的建筑。同样的问题也存在于使用太阳辐射量的标准差表征对自然采光的影响。其次，对优化结果的分析更多的是基于分析者的专业知识，对专业要求较高，而非由软件自动完成。下面的案例将在这两方面进行更多的分析。

4.3.2 外遮阳的优化设计

4.3.2.1 优化问题

被动式设计是建筑节能设计中基础又重要的一环。被动式节能设计可以有效地降低建筑的冷热负荷，进一步降低空调系统的容量，最终实现降低建筑在全年的运行能耗的目的。建筑的围护结构，包括外墙、外窗、外门、屋顶和地板等能够将室内环境和室外环境分割开。在建筑的围护结构中，外遮阳系统的设计是困难的，因为要考虑多种因素的影响，包括可见光舒适性、得热、自然采光和自然通风等。为了设计遮阳系统，需要调整固定遮阳板的大小、数量、反射率、角度和位置等。

建筑能耗模拟优化技术非常适合解决建筑外遮阳的设计问题。在以往的研究中，Wetter 和 Elijah[16] 对一栋案例建筑的南北向窗户的深度、南向窗户的水平遮阳和两个遮阳控制点进行了优化。Torres 和 Sakamoto[34] 设置了 21 个优化变量，包括外窗的大小、数量和光学性质，和外遮阳的系统。他们使用 Radiance 作为模拟的引擎。优化的目标是建筑能耗水平，同时考虑降低可见光的舒适度和自然采光利用量。本案例将利用 EnergyPlus 和 Dakota 集成的技术来实现对一栋办公建筑的典型房间的水平遮阳进行优化设计。

1）优化变量

固定遮阳不仅能够遮挡阳光，优秀的遮阳还能带来更好的立面效果。通常来说，建筑的固定遮阳包括垂直遮阳、水平遮阳和综合遮阳三种类型。固定遮阳应该被设计的能够在夏季阻挡过多的阳光进入室内，而冬季有足够的阳光进入室内，同时考虑自然采光和视野舒适度。如果没有精心设计的工具，是很难完成上面的分析内容的。

为了优化水平遮阳板，遮阳板的宽度、长度、窗台深度、遮阳板与墙体的角度和遮阳板的反射率都可设定为优化变量。其中窗台深度相对来说是可以忽略的，它对建筑的遮阳的影响较小。成排排列的遮阳板是另外一种常见遮阳板放置方式。本案例的优化变量是遮阳板的长度、宽度、间距和倾斜角度。表 4–5 列出了所有设计变量及取值。为了降低计算空间，这些变量均为离散变量。

表 4–5　优化变量及取值范围

设计变量	取值	单位	变量取值数量
$\nabla_{角度}$	–30, –15, 0, 15, 30	°	5
$\nabla_{长度}$	–1.0, –0.8, –0.4, 0, 0.4, 0.8, 1.0	m	7
$\nabla_{宽度}$	–0.5, –0.3, 0, 0.3, 0.5, 0.7, 0.9	m	7
$\nabla_{距离窗户距离}$	–0.25, 0, 0.25, 0.5, 0.75	m	5
总可能实验次数			1 225

2）优化目标

将阳光引入到建筑内可以带来多种效果，包括太阳能得热、可见光舒适度和自然采光。建筑性能模拟可以帮助建筑师设计舒适、健康、节能的建筑。建筑的固定遮阳不仅仅会影响阳光，还会影响到自然通风的效果，这使得分析变得非常复杂。

在夏季，过量的太阳得热会导致室内过热。但是在冬季，人们却想要利用尽可能多的阳光。综合考虑可以使用累计的太阳能得热作为指标。相比于固定的冷热负荷，它是一段时间内累计的量。

过多的阳光还可能会带来视野上的不舒适感。如果一个人站在靠近外窗的位置，他的不舒适的视野可能来自外窗和桌面。眩光可以用来计算视野内平均的不舒适度。EnergyPlus 软件计算的眩光指数不能考虑到太阳直射和物体的反光，所以不能预测水平面上的不舒适度。这里假定当水平桌面上的照度超过 2 000 lux 时认为可见光导致了水平视野的不舒适。

采光系数是现阶段被广泛用来判断设计的采光效果的指标。它的缺点是不考虑外窗的朝向、位置和所在地的气候对建筑的影响。基于气候的自然采光指标是基于全年逐时的标准气象数据计算而来的。为了评估每年的采光性能，最好使用的是基于气候的采光指标。在建筑中，如果自然采光的照度足够高，例如超过 300 lux，则人工照明灯具是可以被降低亮度或者关闭。但是这种机制无法考虑过量自然采光照度带来的影响。EnergyPlus 软件具有降低亮度或者关闭的机制。自然采光自主性（Daylight Autonomy，DA）和有效自然采光照度（Useful Daylight Illuminance，UDI）是两种基于气候的自然采光指标。

UDI 同时考虑了合适水平的照度和过高亮度的自然采光可能导致的不舒适的眩光。Nabil 等提出了 UDI 的概念，并使用 100 lux 和 2 000 lux 作为舒适自然采光的下限和上限。[35] 案例研究是针对四层正方形平面的建筑进行的，当建筑是否有遮阳时的 UDI 指标的采光性能都好于采光系数和 DA。

在设计过程中，通常需要考虑的是相互冲突的设计目标，例如成本和建筑的性能。这里使用两个基于气候的且相互补充的指标——夏季的累计太阳得热和 UDI 来评价水平遮阳的设计，并帮助建筑师找到最优的设计方案。使用夏季太阳得热的一个原因是在南京地区夏季空调能通常要高于冬季能耗。而另外 UDI 代表的是时间，例如 UDI> 2 000 lux 表示的是某个区域的自然采光大于 2 000 lux 的时间。所以本研究使用房间的面积中 UDI100～2 000 lux ≥ 50% 与房间总面积之比。另外优化程序通常是使得优化目标越小越好，所以这里使用 1-UDI100～2 000 lux >50% 作为评价指标。

4.3.2.2 优化过程

1）技术路径

这里用 EnergyPlus 集成 Dakota 的优化技术方案，使用三步优化法来实现优化设计，即在预处理阶段需要根据初始的设计方案形成 IDF 模板，在优化阶段设定优化的变量、算法、目标函数等，最后利用帕累托前沿来挑选出最优的结果。

2）案例建筑

在设计早期，建筑师的设计决策对建筑的形体有很大的影响。通常来说，建筑师习惯于根据以往的经验和知识进行定性分析，这可能是因为缺少简单易用的工具。本节将对一栋办公建筑的水平外遮阳进行优化设计，以检验提出的方法的有效性。这栋建筑位于南京市，属于夏热冬冷地区。

能耗模型建立了房间的详细的几何模型和周围的其他建筑，但不包括房间所在的建筑的其他房间，如图 4–15 所示。在模型里，精心地设置了建筑材料表面的光学性质，包括室外地面的光学性质。要分析的房间位于建筑的第 7 层，其他房间都被隐藏了。如图 4–15，初始情况下水平遮阳板的长度为 2.45 m，宽度为 0.9 m，在窗户的上面 0.25 m 处垂直于墙面。外窗的构造是双层中空窗户，外层玻璃镀有 Low–E 涂层。

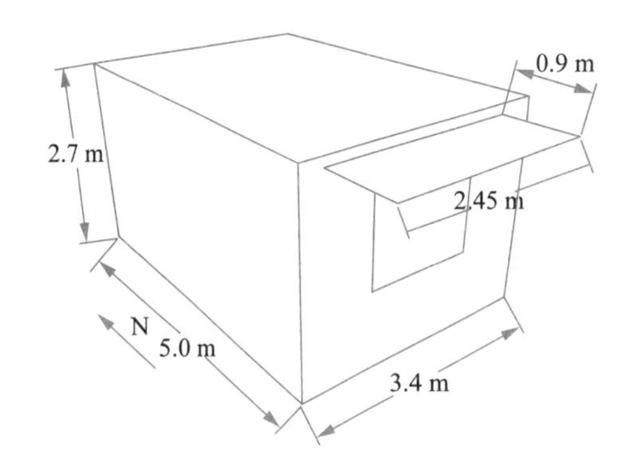

图4–15 案例建筑的设计房间的轴测图

3）优化算法

因为都是离散型的变量，本案例选用多目标遗传算法（Multi-objective GA, MOGA）来完成优化工作。由于篇幅所限，这里就不详细展示参数的设置内容。

4.3.2.3 优化结果分析

由于这次模拟优化设计的所有可能的方案是有限的，优化计算就没有设置停止运行的指标。到优化计算达到停止的标准后总计运行了 605 次。图 4–16 展示的是所有运行结果的分布，其中三角形状的方案表示的是帕累托最优的方案，椭圆形曲线内的方案是建筑师能接受的最优方案或接近最优方案。从图中也可以看出多个方案无论是采光性能还是阻挡夏季得热性能都比基准方案要好。

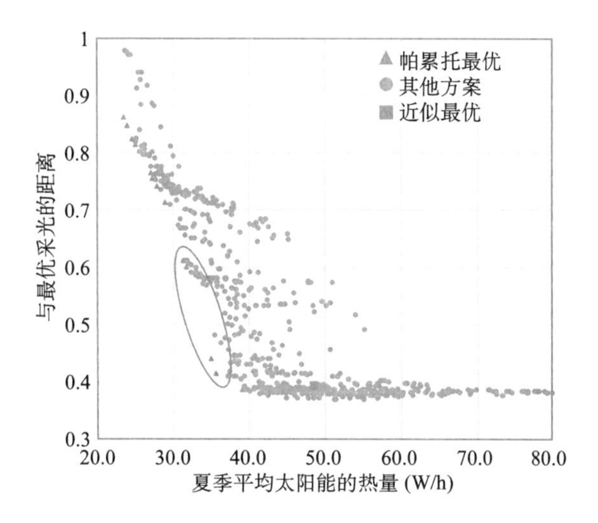

图4-16　所有运行方案的结果分布

表 4-6 展示的是椭圆区域内的几个帕累托最优方案、近似最优方案和基准方案的参数取值和目标函数，F1 表示的是单位时间内的平均太阳能得热量，而 F2 表示的是从平均自然采光与最优采光的差距。对比帕累托最优方案 4、5 和 6，随着遮阳板长度增长，得热量减小，但是采光效果越差。综合来说，帕累托最优方案 5 似乎是较好的方案，相比于基准方案，无论是自然采光还是阻挡夏季得热都有较好的结果。

表 4-6　基准、帕累托最优和其他接近最优方案的结果

设计方案	▽ *length*	▽ *Depth*	▽ *Distance*	▽ *angle*	F_1	F_2
基准方案	0.0	0.0	0.0	0.0	48.7	0.39
帕累托最优 1	1.0	0.7	–0.25	15.0	31.8	0.60
帕累托最优 2	1.0	0.3	–0.25	0.0	31.4	0.61
帕累托最优 3	1.0	0.9	–0.25	30.0	35.0	0.44
帕累托最优 4	0.8	0.9	–0.25	30.0	35.7	0.41
帕累托最优 5	0.6	0.9	–0.25	30.0	39.1	0.39
帕累托最优 6	0.4	0.7	–0.25	–15	27.0	0.76
近似最优 1	1.0	0.7	0.0	15.0	35.5	0.48
近似最优 2	0.8	0.3	0.0	0.0	37.37	0.4729

4.3.2.4　讨论和结论

建筑能耗模拟优化技术可以帮助建筑师在设计早期探讨不同设计对建筑的影响。在进行建筑外遮阳的设计优化过程中，建筑师可能需要考虑采光、视野舒适度、遮阳和通风等因素。由于视野舒适度等参数的模拟较为复杂，本书采用了简化的方法，即桌面上的自然采光照

度大于 2 000 lux 会引起不舒适亮度。现阶段 EnergyPlus 软件难以计算视野舒适度和通风等性能。而本研究中使用的累计平均太阳能辐射得热量和 UDI 都是基于气候的气象参数，相比于基于某一时刻点的取值更加可取。

总结而言，建筑能耗模拟优化技术成功地帮助建筑师找到比基准方案有更好的采光和能耗性能的设计方案。建筑师最优可以根据多个最优及接近最优方案找到合适的设计方案。

4.3.3 空调预冷最优的控制

4.3.3.1 优化问题

如何降低建筑的空调能耗是众多研究者关注的内容。随着可再生能源和储能技术的发展，需求响应在电力领域和建筑领域都受到了极大的关注。这项技术能够降低电力负载的峰值，减小电力负载的低谷。模型预测控制因为能够预测电力负载并进行控制，被经常应用在需求响应系统中。

这里的思路是在夏季电力最高峰时间段，如果能够关闭空调，则潜在的节能量是很大的，但是可能带来的问题是房间内过热。好在可以使用风扇来减少这段时间的不舒适，而风扇的功率相比于空调会小很多，并不会增加多少能耗。这里将利用优化设计技术探究在夏季极端电力价格高峰期间最佳的预冷和风扇控制策略。

这里提出的设想是在夏季电费的高峰期使用吊扇而不是空调系统来满足房间内热舒适的需求。从建筑热舒适的角度来说，提高空气的流动性是一种可取的被动节能方式。另外，如果房间内的操作温度过高，这可能会带来一些过热的不舒适，这是由多种因素决定的，例如最大可接受的温度、建筑的蓄热性能、操作温度、热扰动量和室内空气质量。本案例使用 CO_2 浓度来检测室内空气质量。高浓度 CO_2 量会降低工作效率。研究表明人处在浓度为 1 000 ppm 的 CO_2 中 2.5 小时，他的认知能力会明显下降，因为 CO_2 降低了血液的流动速度。[36]

4.3.3.2 优化过程

1）技术方案

使用 EnergyPlus 模拟建筑的能耗，使用 Dakota 进行优化过程。较长的计算时间是模拟优化技术在建筑领域广泛应用的障碍，这里需要把计算时间控制在半小时以内以确保得到控制策略具有时效性。虽然很多其他技术，例如多线程计算或者使用超级计算机能够加快计算，但是这都需要额外的投资。为了加快计算，这里使用回归树的模型来代替 EnergyPlus 模拟预测运行能耗。首先使用 EnergyPlus 模拟建筑运行能耗，并记录每 15 分钟一次的 HVAC 用信息、室内空气温度和 PMV 水平等数据。然后使用 1 000 组模拟数据来训练决策树模型。最后决策树模型和优化引擎结合到一起来进行优化。这里使用 Sklearn 来实现决策树模型的构建。

2）模拟过程

为了尽量节约在电力峰值期间的电费量，需要找到空调系统的预冷和吊扇控制的最优策略。假定风扇带来的风速为 1.2 m/s。风扇的速度是根据温度和舒适温度的差控制的。这里不使用操作温度，因为它需要安装额外的装置。针对空气速度的控制是在 EnergyPlus 的 EMS 模块实现的。EMS 是一种高级控制器，它可以根据接受的传感器数据设定下一步的控制动作。整套动作流程如下，在极端电价峰值到来之前，建筑将会被预冷。这里使用优化算法来获得最优的预冷温度设定。在极端电价峰值开始的时候，HVAC 系统将会被关闭，吊顶风扇将会被打开，与此同时传感器将会收集房间内的空气温度。吊顶风扇的风速是基于房间温度和设定值的差值进行控制的。在计算的每个步长，房间内的 PMV 值将会被计算，决定了是否开启空调进行降温。另外，程序还计算房间内的 CO_2 浓度。CO_2 浓度是根据房间内的人数还有新风量决定的，即人员代谢会产生 CO_2，而新风和渗透通风会减少 CO_2。

控制步长的隐含意思是这段时间内控制信号是保持不变的。[37] 本案例中，空调温度的控制步长时 30 分钟。风扇的转速并非一个优化变量，而是根据房间温度与设定值的插值每 5 分钟设定一次直到能够满足热舒适度。EnergyPlus 内的步长是每小时计算 6 次。这个模拟的其他设置还包括：（1）提前 24 小时较为准确的天气预报；（2）24 小时的预测周期；（3）建筑内所有的热区都是根据选取的热区进行控制的。

3）案例建筑

选取两栋案例建筑进行分析，其中一个是一层的办公建筑（简称低层办公），另外一个是 21 层的办公建筑（简称高层办公）。低层办公的建筑面积是 927 m^2，被分割为周围 4 个和中间 1 个共 5 个热区。低层办公的空调系统是 VAV 系统，由冷水机组提供冷冻水，锅炉提供热水。空气温度和热区内的 CO_2 水平是通过传感器进行监测。高层办公的面积是 69 846 m^2，表 4–7 中概括了这两栋案例建筑的更多信息。

表 4–7 案例建筑的详细参数

特征参数	单位	低层办公	高层办公
层数		1	21
建筑面积	m^2	927.2	69 846

（续表）

特征参数	单位	低层办公	高层办公
供暖空调面积	m^2	927.2	55 991
窗墙面积比		22.2%	56.5%
外墙传热系数	W/（m^2·K）	0.384	0.563
屋顶传热系数	W/（m^2·K）	0.271	0.937
外窗传热系数	W/（m^2·K）	1.626	2.685
SHGC		0.421	0.998
冷机 COP		3.20	5.55
锅炉类型		天然气	燃煤
锅炉效率		0.8	0.8

案例建筑被假定放置在 4 个不同的城市，分别是上海、青岛、北京和深圳。图 4–17 展示了这 4 个地区在 7 月 14 日的室外干球温度的变化。

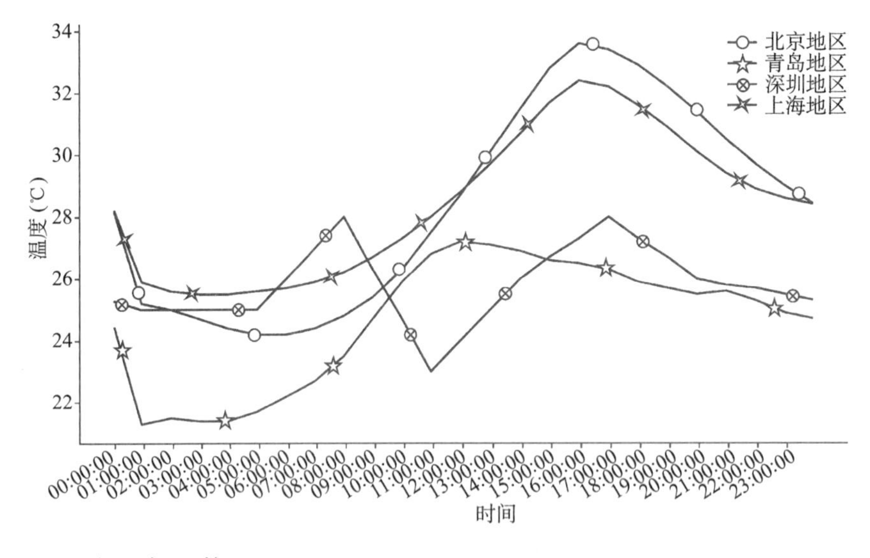

图4–17　4个城市的较热一天的温度变化

4）目标函数

能耗和热舒适度通常被同时考虑，作为相互冲突的两个目标。本研究设定电量和累积 *PMV* 的绝对值作为优化目标。本案例使用权重法将这两个目标值统一到一个目标函数。目标函数的计算如下式：

$$J=C_{ele}+w_{pmv}\sum_{i=1}^{n}abs（PMV） \quad （4.5）$$

式中，$\sum_{i=1}^{n} abs（PMV）$ 是 *PMV* 绝对值在每个步长的之和；w_{pmv} 是热舒适的权重系数。

5）优化变量

优化变量是极端温度高峰前 2.5 小时的空调温度设定。空调温度每半小时变化一次，共有 5 个变量，且都是在 20—28 ℃之间变化的连续变量。

6）限制条件

在极端电价峰值期间，关闭空调系统会使室内环境恶化，包括温度升高和 CO_2 浓度升高等。本案例选用 PMV 和 CO_2 作为空调进行启闭控制的变量。PMV 值决定了房间的温度是否能够被用户所接受。PMV 的限值被设定为 1，这意味着如果房间内的风扇的速度处在最大，且 PMV 值达到 1 时，开启空调系统进行降温。另外，CO_2 的浓度意味着是否有足够的氧气来支持高效率的工作，它的限值被设定为 800 ppm，也就是说当房间内的 CO_2 浓度超过 800 ppm 时，HVAC 系统将会重新开启，向室内提供足够的新鲜空气。

7）算法设定

由达尔文进化算法带来的启发，进化算法用于得到结果的数量，进而消除最差的结果。进化算法用来生成新方案的主要机制包括重生、交叉、再组合和选择。从优化的工程实践角度来说，进化算法是在复杂性、用户输入方面和解决实际工程问题方面都有较好的表现，在建筑领域也被成功地用于辅助可持续建筑设计。[38, 39]

8）极端时刻的电价

图 4–18 中电力的价格是从电力市场发布的数据上查询得到的。假定极端电价峰值持续是 1 小时，且极端电价一般是电价低谷的 8 至 10 倍。可以看出供电公司系统用户在电力高峰期间减少用电。图 4–18 展示的是 4 个城市夏季极端电力高峰日的电费价格。

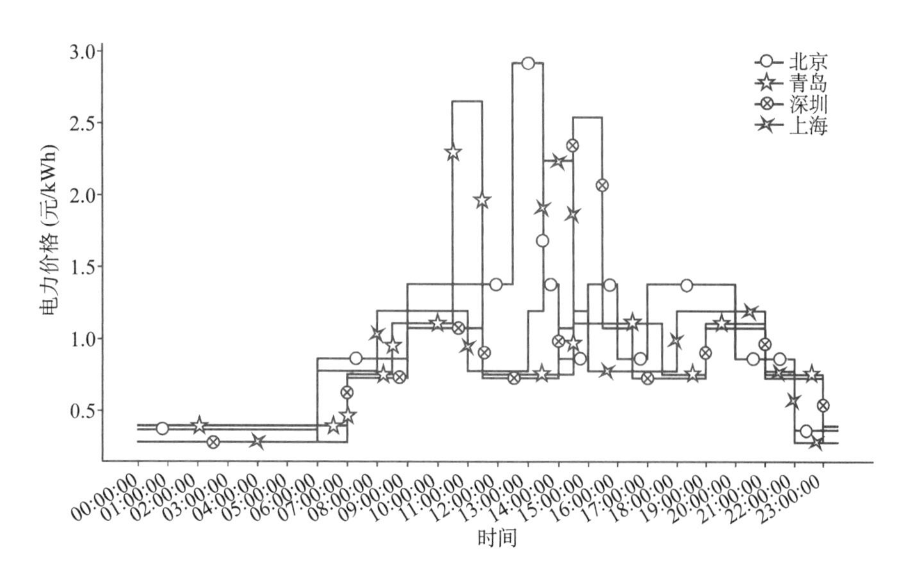

图4–18　极端电力高峰日的电力价格变化

9）预冷策略

空调在白天工作期间，即 8:00—18:00，默认设定温度是 24 ℃，其他时间段空调保持关闭状态。本项目的 5 个温度控制设定值是优化变量，且是连续性变量，取值的范围在 20—28 ℃之间。在正式开始之前，将预冷的温度从 1—3 小时进行变化，结果表明 2 小时的预冷是最佳的，所以这里设定为 2 小时。

10）加速计算过程

优化计算的时长超过半小时就不能满足本案例每半小时调控一次的需求。由于使用 EnergyPlus 计算所需时间过长，需要降低运行的时间。使用决策树算法来代替 EnergyPlus 模拟。首先随机产生 1 000 种不同的参数组合，并使用 EnergyPlus 进行模拟，记录这 1 000 次计算的结果。笔记本电脑运行完成 1 000 次模式需要大约 2.6 个小时，这个工作可以在晚上进行。95% 的数据被用来训练决策树模型，5% 的数据用来验证模型的准确度。使用 R^2 作为判断预测准确度的指标。最终决策树模型在预测能耗、温度和 PMV 的 R^2 分别是 0.990、0.998 和 0.994。可见决策树算法有足够的准确度来替代 EnergyPlus。图 4-19 展示了使用决策树模型替代 EnergyPlus 模拟对能耗预测结果对比。

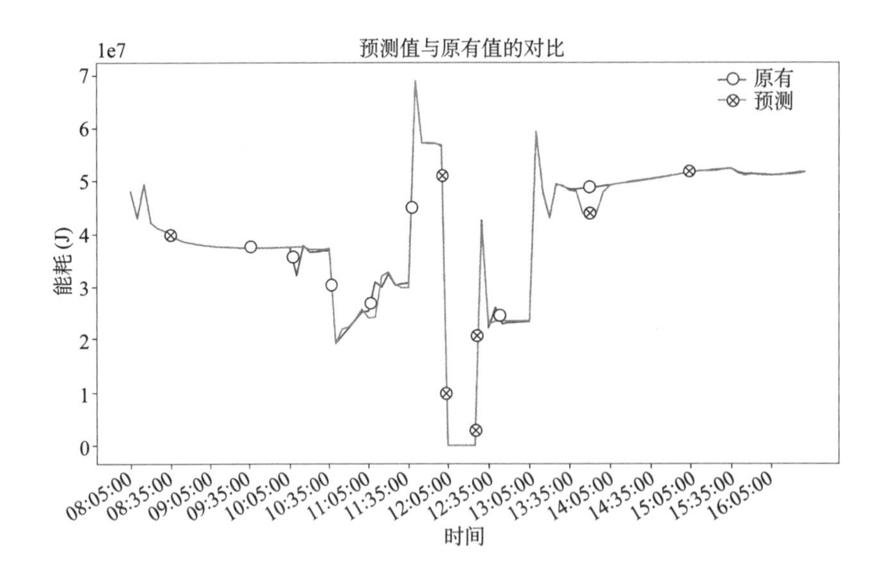

图4-19　使用决策树和EnergyPlus预测工作时间段空调能耗结果对比

4.3.3.3　结果及讨论

本案例目的是探索预冷和使用吊顶风扇在极端电力峰值期间的节省电费潜力。优化的目标是最低的电费，但是还要保证基本的热舒适度。案例建筑分别置于在四座城市进行实验既定策略的效果。

1）最优的预冷温度设定

图 4–20 展示的是低层办公在四个城市最优的预冷温度设定值。对于低层办公，预冷是从 30 分钟开始，温度在 22～23℃之间。从图 4–20 中可以看出上海的设定温度要低于其他地区。但是它对最终的温度影响不大，因为这段时间空调大多是关闭的。

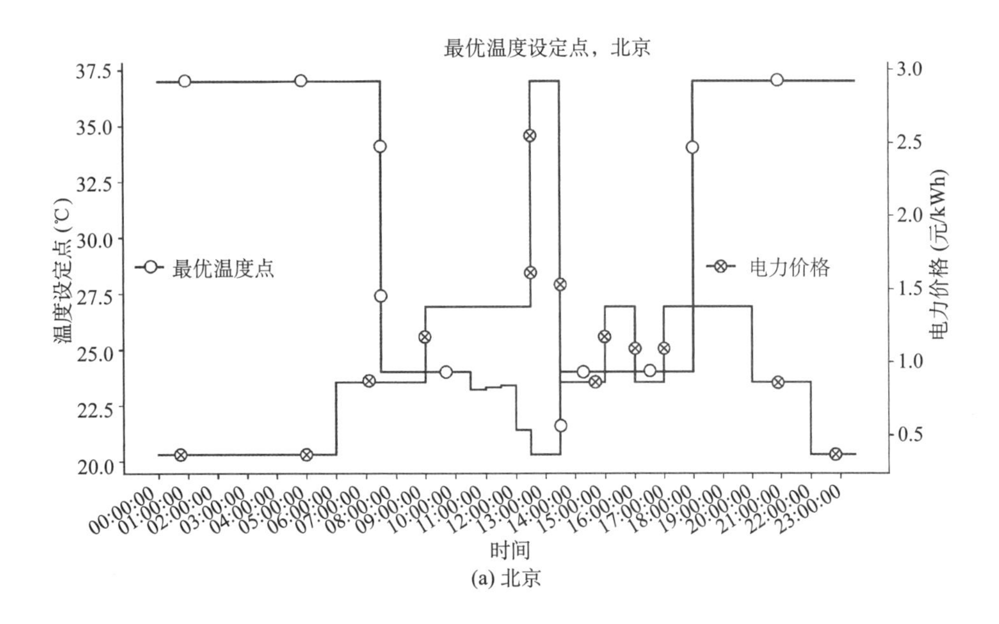

(a) 北京

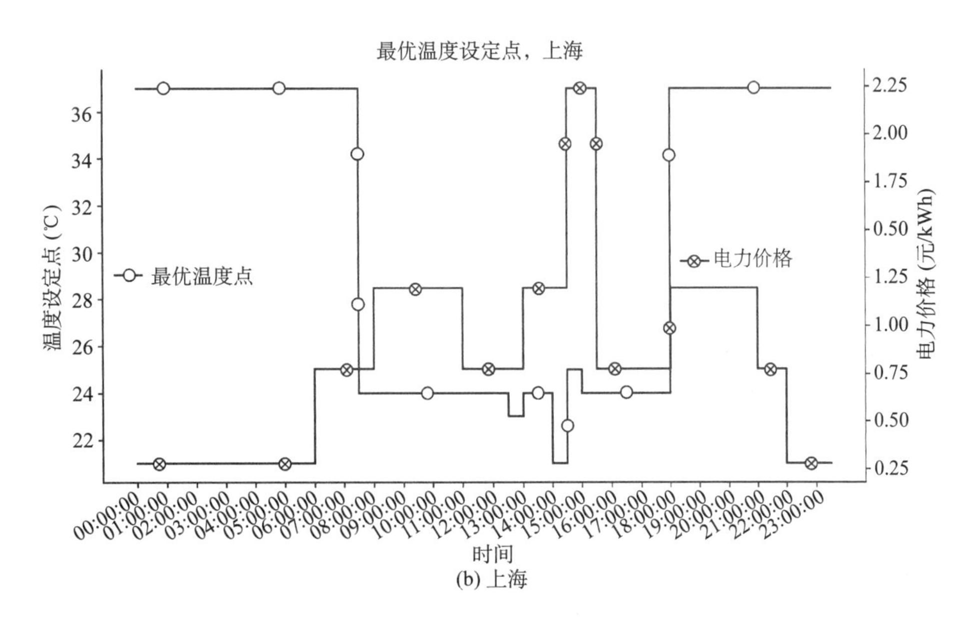

(b) 上海

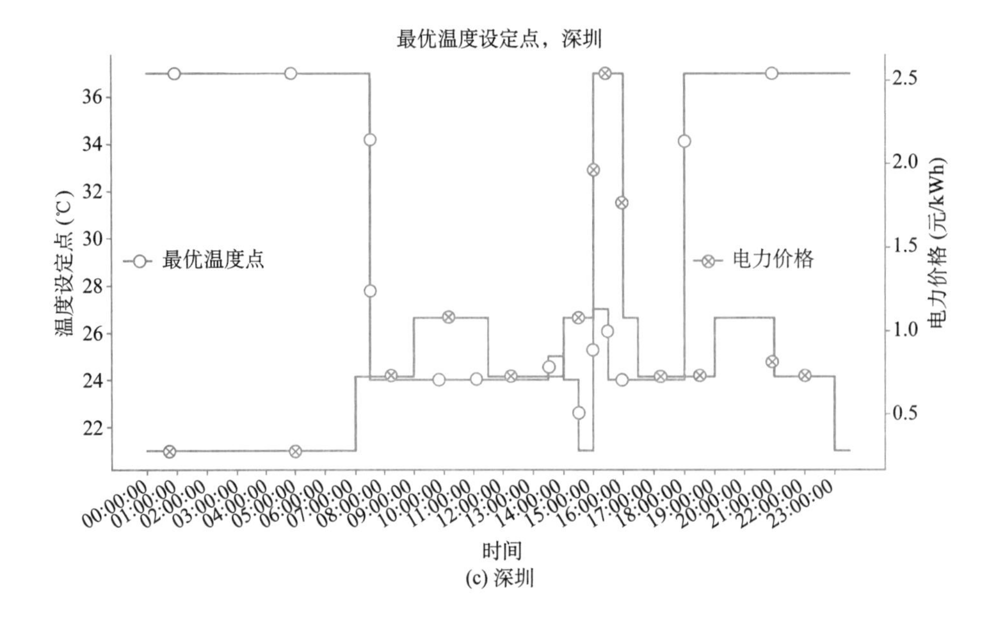

(c) 深圳

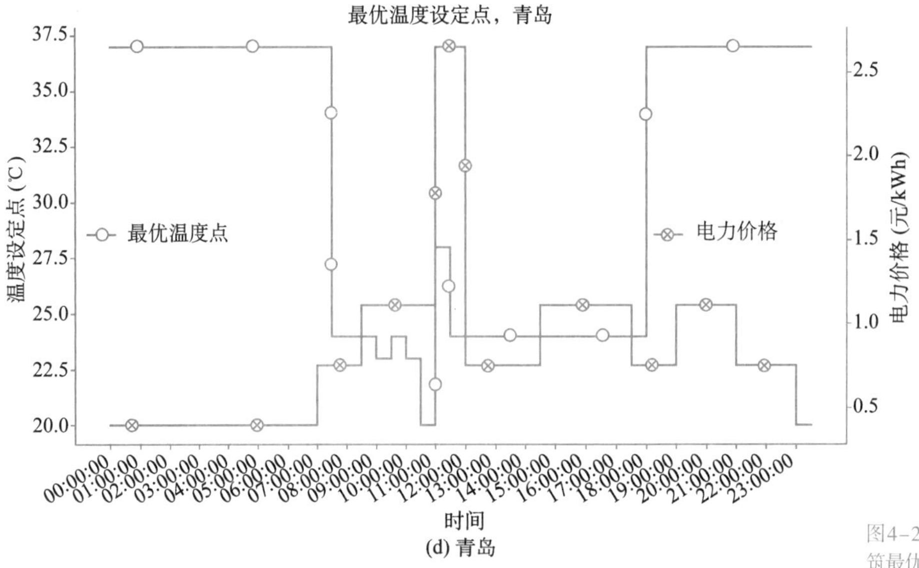

(d) 青岛

图4–20　低层办公建筑最优的预冷温度设定

图 4–21 展示的是一天内 PMV 变化的情况。对于低层办公建筑，在预冷阶段，房间的温度会持续降低，使得 PMV 的值为负值。低层办公在上海地区有最陡峭的温度变化，在 1 小时内 PMV 从 –0.5 变化到了 1.5，这可能会带来不舒适的感觉。对于办公时间，在北京地区，高层办公的 PMV 值要显著高于低层办公建筑。为了更好地展示这个结果，图 4–22 展示的是这两栋案例建筑的空气和辐射温度。可以看出高层办公的辐射温度要明显高于低层办公，这可能这前者有较大的窗墙面积比。对比低层办公建筑，高层办公建筑的温度升高较快，这意味着它维持温度变化的蓄热性要差一些。

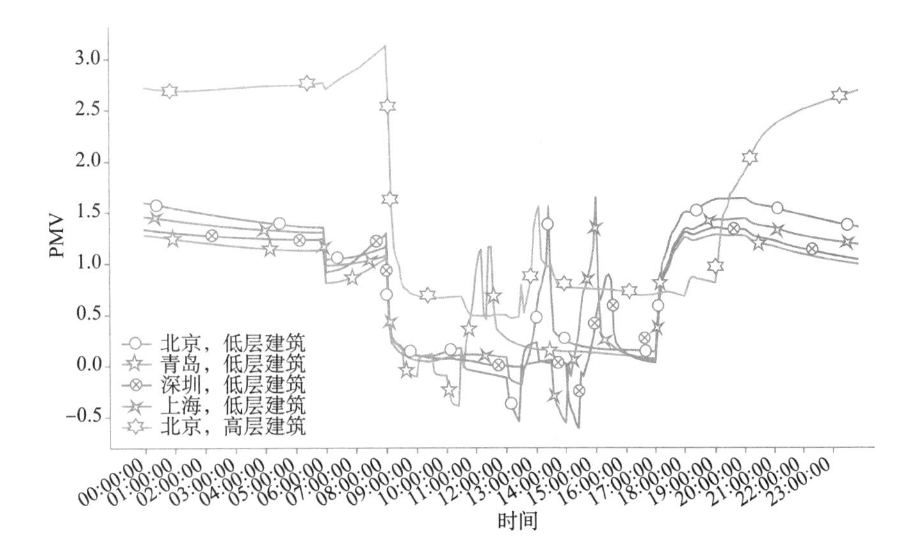

图4–21 最优方案的PMV变化示意图

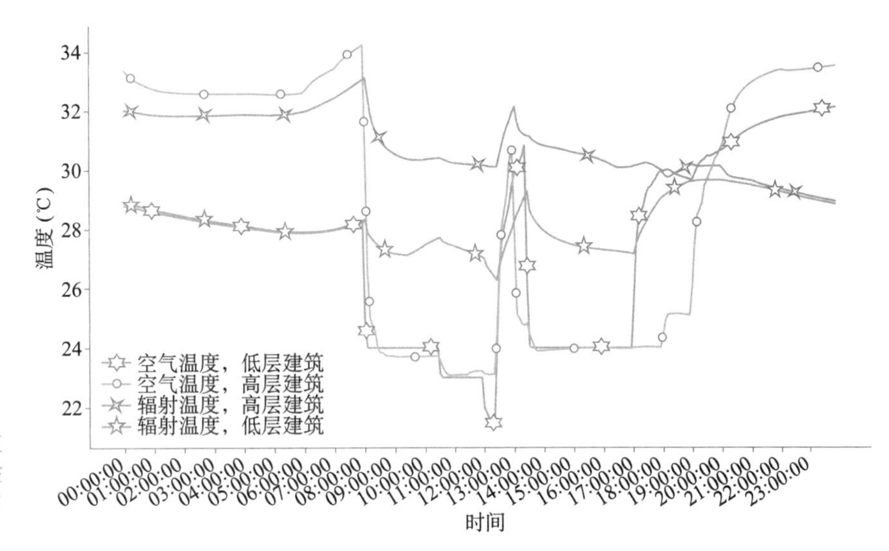

图4–22 在北京地区时两栋案例建筑的空气温度和辐射温度分布

2）优化结果

表 4–8 概括了两栋案例建筑最优的控制结果。从结果看出低层办公在北京和上海地区的节省的电费要高于在深圳和青岛。在运行的这一天，最优的技术可以使得低层办公节省高达 15.8% 的电费，但也损失了一些舒适度。对于处在北京的低层办公，本研究提出的设计策略得到了最大的节省电费量。一个原因是北京有很高的极端电力峰值的电价，另外就是室外的温度非常高。表 4–8 也清晰地展示了优化技术可以帮助实现更多的节能量。

从表 4–8 中可以看出最优方案的峰值 PMV 大于 1，即舒适度存在恶化的现象，好在这个过程只持续 10 分钟。然而，几乎垂直变化的 PMV 可能会带来一些不舒适。如在表中展示的北京的低层办公，PMV 的值在 55 分钟内从 –0.54 上升到了 0.99。

表 4-8　案例建筑优化分析结果汇总

建筑	低层	低层	低层	低层	高层
地区	上海	北京	深圳	青岛	北京
迭代次数	1 443	1 207	977	1 131	1 295
运行时间（s）	1 593	1 353	1 095	1 228	1 462
电费$_B$（元）	165.47	215.14	195.03	192.52	18 914.02
电费$_P$（元）	143.41	167.12	163.48	172.69	17 540.81
电费$_O$（元）	116.61	142.88	147.13	152.94	16 119.35
累积的 PMV_B	7.31	16.06	7.31	16.59	86.71
累积的 PMV_P	17.79	25.12	14.58	23.90	90.76
累积的 PMV_O	22.82	25.52	19.47	26.16	87.08
目标函数	194.7	233.5	188.7	211.3	30 651.0
电力峰值的降低百分比	51.3%	44.0%	51.9%	50.0%	76.0%
设计方案的节能率	13.3%	22.3%	16.2%	10.3%	7.2%
最优方案的节能率	29.5%	33.6%	24.6%	20.6%	14.8%

注：下标 B 表示基准方案；下标 P 表示设计方案；下标 O 表示最优方案。

优化的速度是执行多目标优化模型预测控制关键的参数。EnergyPlus 模型每小时 4 步的计算过程比每小时 6 次的计算可以节省 30% 的模拟时间。同样 EnergyPlus 的预热的时间占总模拟时长也非常长。本案例中对于低层办公，EnergyPlus 运行一次的时间是 4.7 s，但是预热就占有约 3 s。如果软件可以移除预热时间，则可以降低 93.9% 的时间。优化进行速度慢的另外的一个原因是优化过程中需要大量地读写电脑硬盘文件，包括读取和写入结果文件等过程。本案例使用决策树模型代替 EnergyPlus，大大降低了运行时间。对于高层办公，迭代 1 000 次的时间从 7.5 小时减少到约 16 分钟，这满足半小时的控制步长的需求。

低层办公建筑所有的运行结果都在图 4-23 中展示了出来，其中的颜色深浅表示迭代的次数，深色表明迭代的次数小，浅色表示迭代次数大。从图中可以看出，初期结果分布在各个区域，而后期方案的结果靠近于最优的结果。图 4-24 展示了低层办公基准方案、设计的方案和最优方案的最终效果。箭头的方向从基准方案到设计方案到最终最优的方案。从结果可以看出电费降低是伴随着舒适度下降。对于高层办公而言，最优方案可以节能大量的能耗，而热舒适度仅有一点上升。

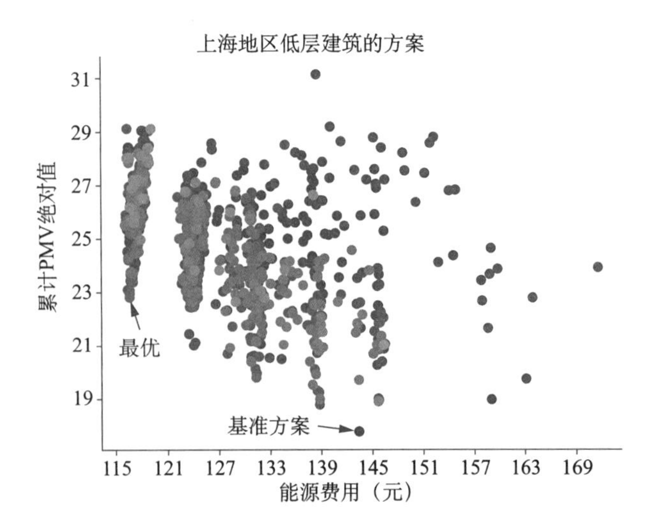

图4-23　所有运行方案的热舒适及用电成本分布

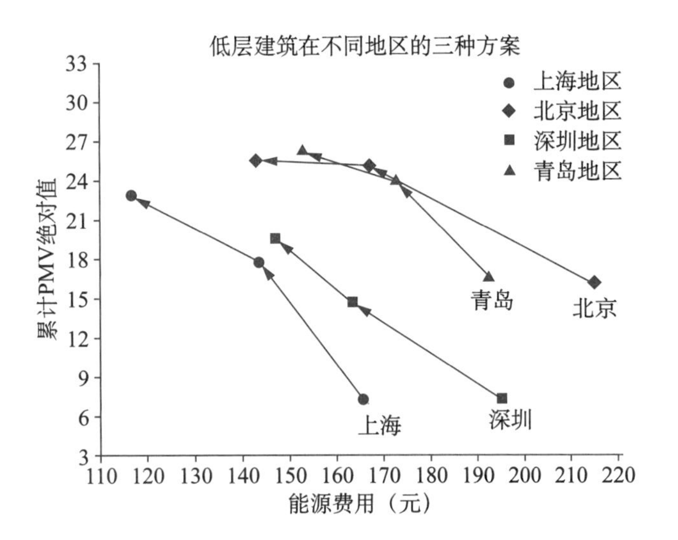

图4-24　低层办公建筑在4个地区的三类方案

4.3.3.4　结论

本案例展示了使用详细能耗模拟软件和优化引擎来验证提出的在极端峰值电价阶段开启风扇并关闭空调带来的节能是可能的。这个过程也验证了：①模拟软件很好地模拟了能耗、电费、热舒适度和 CO_2 浓度；②吊扇在夏季有一定的节能潜力；③最优的预冷温度设定是由两个相互冲突的参数，即用电量和 PMV 决定的。

吊顶风扇是一种高效的降温设备，可以在夏季作为辅助调节室内的舒适度。尽管投资很少，使用最优控制空调和吊顶风扇可以实现 14.8%～33.6% 的节能量。预冷房间然后使用吊顶风扇而不是空调可以实现一定的节能量。

4.4 难点与挑战

本章详细地讲述了建筑性能优化设计的技术实现方法，创新地把常用的技术分为外部联合式和内部集成式，并通过三个案例展示了建筑性能优化设计在实践中的应用。

建筑性能模拟优化设计首先需要确定优化设计的问题；其次是对设计问题进行分析并概括出可能的设计方案；再次根据既有的设计资料建立能够成功运行的性能模拟模型，即作为优化分析的初始文件；最后根据优化设计的特点，确定优化目标、优化变量和使用的算法等，开始分析并最终对结果进行优化并找到最优结果。

创新地引入了优化技术，建筑性能优化设计技术大大简化了基于性能模拟设计过程中需要反复更改参数，重复模拟直到找到较好结果的过程，即所谓的“循环试错性”。相比于敏感性分析或者穷举搜索模拟技术，优化技术可以加快寻优的过程，降低设计过程需要花费的时间成本。经过多年的和技术工具的发展，这项技术愈发成熟，成为可以被建筑设计、绿色建筑设计和建筑被动式设计所利用。

尽管建筑性能优化设计的研究众多，但应用于工程案例上还是存在不少难点和挑战，包括建模时间长、不确定性大、计算时间长和没有标准的方法等。不能否认的是建立详细的建筑能耗模拟需要的时间很长。[40] 此外学习建筑性能模拟也是很有困难的，特别是能耗模拟和 CFD 模拟通风。前者需要学习大量的输入参数的含义，后者需要极强的数理知识。

另外，模型存在较大的不确定性。由于很多优化设计处在建筑设计的早期，也就是说很多设计参数并没有被确定下来，例如空调系统的类型和使用方式未知。为了降低模型的不确定性，模型校准是不可或缺的过程。然而，模型校准通常使用的是从建成运行建筑上采集的数据。[41] 所以模型矫正对处在设计阶段的优化设计是不可行的。此外，由于模型的不确定性带来设计阶段的预测值和运行阶段的实际值相差较大，这也是所谓的性能差距（performance gap）。

模拟优化设计还面临着建模及计算时间长的问题。Attia 等[8] 进行的调研表明平均而言建筑性能优化设计需要花费 2 至 3 周的时间。在对众多使用性能优化工具的工程师的调研结果发现，在所有可能阻碍模拟优化设计应用的问题中，计算时间长是得票最多的，其次是模拟优化技术缺少足够的宣传、缺少标准的模拟优化流程。[2] 此外，在做模拟优化控制时，优化计算的时长需要少于系统动作的步长，例如，为了实现 30 分钟一次空调系统的启闭控制，优化过程需要在 30 分钟内完成。所以优化控制类的案例难以使用详细的能耗模拟软件，取而代之的是计算时间快的黑箱模型或者简化的模型，例如，在优化控制空调的遇冷温度设定时使用决策树模型替代 EnergyPlus 模型来加快运行速度。EnergyPlus 能耗模拟的预热消耗的时间非常长，Ramos 等[42]用脚本程序来降低了预热时间，也有利于加快优化过程中能耗模拟计算时间的目的。

参考文献

[1] NGUYEN A-T, REITER S, RIGO P. A review on simulation-based optimization methods applied to building performance analysis. Applied energy, 2014, 113.

[2] TIAN Z, ZHANG X, JIN X, et al. Towards adoption of building energy simulation and optimization for passive building design: a survey and a review. Energy and buildings, 2018, 158: 1306–1316.

[3] CARLUCCI S, PAGLIANO L, ZANGHERI P. Optimization by discomfort minimization for designing a comfortable net zero energy building in the mediterranean climate. Advanced materials research, 2013, 2377.

[4] BROTCHIE J, LINZEY M. A model for integrated building design. Building science, 1971, 6 (3) : 89–96.

[5] GERO J S. Architectural optimization — a review. Engineering optimization, 1975, 1 (3) : 189–199.

[6] D'CRUZ N, RADFORD A D, GERO J S J E O. A pareto optimization problem formulation for building performance and design. Engineering optimization, 1983, 7 (1) : 17–33.

[7] SHI X, TIAN Z, CHEN W, et al. A review on building energy efficient design optimization rom the perspective of architects. Renew sust energ rev, 2016, 65: 872–884.

[8] ATTIA S, HAMDY M, O'BRIEN W, et al. Assessing gaps and needs for integrating building performance optimization tools in net zero energy buildings design. Energy and buildings, 2013, 60.

[9] TUHUS-DUBROW D, KRARTI M. Genetic-algorithm based approach to optimize building envelope design for residential buildings. Building and environment, 2010. 45 (7) : 1574–1581.

[10] Jin J, Jeong, J. Optimization of a free-form building shape to minimize external thermal load using genetic algorithm. Energy and buildings, 2014. 85: 473–482.

[11] SUN C, LIU Q, HAN Y. Many-objective optimization design of a public building for energy, Daylighting and cost performance improvement. Applied sciences, 2020, 10 (7) .

[12] HORIKOSHI K, OOKA R, LIM J. Building shape optimization for sustainable building Design-part (1) investigation into the relationship among building shape, zoning plans, and building energy consumption. Proceedings of the proceedings of the ASIM conference, F, 2012.

[13] SHI X. Design optimization of insulation usage and space conditioning load using energy simulation and genetic algorithm. Energy, 2011, 36 (3) : 1659–1667.

[14] HAMDY M, HASAN A, SIREN K. Impact of adaptive thermal comfort criteria on building energy use and cooling equipment size using a multi-objective optimization scheme. Energy and buildings, 2011, 43 (9) .

[15] GAGNE J, ANDERSEN M. A generative facade design method based on daylighting performance goals. Journal of building performance simulation, 2012, 5 (3) .

[16] WETTER M. GenOpt — A generic optimization program. Proceedings of the seventh international IBPSA conference, Rio de Janeiro, F, 2001.

[17] HUANG H, KATO S, HU R. Optimum design for indoor humidity by coupling Genetic Algorithm with transient simulation based on Contribution Ratio of Indoor Humidity and Climate analysis. Energy and buildings, 2012, 47.

[18] BAGLIVO C, CONGEDO P M, FAZIO A, et al. Multi-objective optimization analysis for high efficiency external walls of zero energy buildings （ZEB） in the Mediterranean climate. Energy and buildings, 2014, 84.

[19] AL-SANEA S A, ZEDAN M F, AL-HUSSAIN S N. Effect of thermal mass on performance of insulated building walls and the concept of energy savings potential. Applied energy, 2012, 89 (1) .

[20] LEE J H. Optimization of indoor climate conditioning with passive and active methods using GA and CFD. Building and environment, 2006, 42 (9) .

[21] ZHOU L, HAGHIGHAT F. Optimization of ventilation system design and operation in office environment, Part I: Methodology. building and environment, 2008, 44 (4) .

[22] MA J, QIN J, SALSBURY T, et al. Demand reduction in building energy systems based on economic model predictive control. Chemical engineering science, 2012, 67 (1) : 92–100.

[23] LI X, MALKAWI A. Multi-objective optimization for thermal mass model predictive control in small and medium size commercial buildings under summer weather conditions. Energy, 2016, 112: 1194–1206.

[24] XU X, WANG S, SUN Z, et al. A model-based optimal ventilation control strategy of multi-zone VAV air-conditioning systems. Applied thermal engineering, 2009, 29 (1) : 91–104.

[25] ARTECONI A, COSTOLA D, HOES P, et al. Analysis of control strategies for thermally activated building systems under demand side management mechanisms. Energy and buildings, 2014, 80: 384–393.

[26] KWAK Y, HUH J-H. Development of a method of real–time building energy simulation for efficient predictive control. Energy conversion management, 2016, 113: 220–229.

[27] PSOMAS T, FIORENTINI M, KOKOGIANNAKIS G, et al. Ventilative cooling through automated window opening control systems to address thermal discomfort risk during the summer period: Framework, simulation and parametric analysis. Energy

and buildings, 2017, 153: 18–30.
[28] SHARMIN T, GüL M, AL-HUSSEIN M. A user-centric space heating energy management framework for multi-family residential facilities based on occupant pattern prediction modeling. Proceedings of the build simul-China, F, 2017. Springer.
[29] ARABZADEH V, ALIMOHAMMADISAGVAND B, JOKISALO J, et al. A novel cost-optimizing demand response control for a heat pump heated residential building. Proceedings of the build simul-China, F, 2018. Springer.
[30] TIAN Z, SI B, WU Y, et al. Multi-objective optimization model predictive dispatch precooling and ceiling fans in office buildings under different summer weather conditions. Proceedings of the build simul-China, 2019. Springer.
[31] CANDANEDO J, DEHKORDI V, STYLIANOU M. Model-based predictive control of an ice storage device in a building cooling system. Applied energy, 2013, 111: 1032–1045.
[32] ADAMS B M, BOHNHOFF W J, DALBEY K, et al. DAKOTA, a multilevel parallel object-oriented framework for design optimization, parameter estimation, uncertainty quantification, and sensitivity analysis: version 5.0 user's manual. 2009.
[33] WETTER M. GenOpt — A generic optimization program. Proceedings of the Seventh international IBPSA conference, F, 2001. International Building Performance Simulation Association, Rio de Janeiro.
[34] 李飚，韩冬青. 建筑生成设计的技术理解及其前景. 建筑学报，2011(6): 96–100.
[35] TORRES S L, SAKAMOTO Y. Facade design optimization for daylight with a simple genetic algorithm. Proceedings of building simulation, F, 2007. Citeseer.
[36] NABIL A, MARDALJEVIC J. Useful daylight illuminances: a replacement for daylight factors. Energy and buildings, 2006, 38 (7): 905–913.
[37] SATISH U, MENDELL M J, SHEKHAR K, et al. Is CO_2 an indoor pollutant? Direct effects of low-to-moderate CO_2 concentrations on human decision-making performance. Environmental health perspectives, 2012, 120 (12).
[38] AFRAM A, JANABI-SHARIFI F. Theory and applications of HVAC control systems: A review of model predictive control (MPC). Building and environment, 2014, 72: 343–355.
[39] XU W, CHONG A, KARAGUZEL O T, et al. Improving evolutionary algorithm performance for integer type multi-objective building system design optimization. Energy and buildings, 2016, 127: 714–729.
[40] WRIGHT J A, BROWNLEE A, MOURSHED M M, et al. Multi-objective optimization of cellular fenestration by an evolutionary algorithm. Journal of building performance simulation, 2014, 7 (1): 33–51.
[41] HEO Y, CHOUDHARY R, AUGENBROE G. Calibration of building energy models for retrofit analysis under uncertainty. Energy and buildings, 2012, 47: 550–560.
[42] MANFREN M, ASTE N, MOSHKSAR R. Calibration and uncertainty analysis for computer models — A meta-model based approach for integrated building energy simulation. Applied energy, 2013, 103.
[43] RAMOS RUIZ G, LUCAS SEGARRA E, FERNáNDEZ BANDERA C. Model predictive control optimization via genetic algorithm using a detailed building energy model. Energies, 2019, 12 (1): 34.